"十四五"职业教育国家规划教材

北大青鸟文教集团研究院 出品

新技术技能人才培养系列教程

Web 全栈工程师系列

Vue 企业开发实战

肖睿 龙颖 / 主编

李辉 崔欢欢 申玉霞 / 副主编

人民邮电出版社

北京

图书在版编目（CIP）数据

Vue 企业开发实战 / 肖睿，龙颖主编. -- 北京：人民邮电出版社，2018.12
新技术技能人才培养系列教程
ISBN 978-7-115-49420-7

Ⅰ. ①V… Ⅱ. ①肖… ②龙… Ⅲ. ①网页制作工具－程序设计－教材 Ⅳ. ①TP392.092.2

中国版本图书馆CIP数据核字(2018)第216759号

内 容 提 要

本书以 Vue.js 2 为基础，以项目实战的方式引导读者渐进式学习 Vue.js 框架。本书分为项目起步、Vue.js 介绍、项目插件、项目梳理等部分。“项目起步”主要是对大觅项目架构设计以及项目中使用的 ECMAScript6 内容进行介绍，“Vue.js 介绍”主要是讲解 Vue.js 框架的核心功能，“项目插件”主要是介绍 Vuex、百度地图以及生成二维码插件的使用，“项目梳理”则梳理大觅项目每一个页面的技能点并且分析页面的实现思路。经过项目实战之后，读者可以掌握工程化的前端开发方法，Vue.js 框架主要 API 的使用方法、单文件组件、组件通信、Axios 等。

本书示例丰富，侧重实战，适合刚接触或即将接触 Vue.js 的开发者，也适合有 Vue.js 开发经验但还需进一步提升的开发者。

◆ 主　　编　肖　睿　龙　颖
副 主 编　李　辉　崔欢欢　申玉霞
责任编辑　祝智敏
责任印制　马振武
◆ 人民邮电出版社出版发行　　北京市丰台区成寿寺路 11 号
邮编　100164　　电子邮件　315@ptpress.com.cn
网址　http://www.ptpress.com.cn
三河市君旺印务有限公司印刷
◆ 开本：787×1092　1/16
印张：11.75　　2018 年 12 月第 1 版
字数：254 千字　　2024 年 12 月河北第18次印刷

定价：38.00 元

读者服务热线：(010)81055256　印装质量热线：(010)81055316
反盗版热线：(010)81055315
广告经营许可证：京东市监广登字 20170147 号

Web 全栈工程师系列

编 委 会

序　　言

丛书设计

随着“互联网+”上升到国家战略，互联网行业与国民经济的联系越来越紧密，几乎所有行业的快速发展都离不开互联网行业的推动。而随着软件技术的发展以及市场需求的变化，现代软件项目的开发越来越复杂，特别是受移动互联网影响，任何一个互联网项目中用到的技术，都涵盖了产品设计、UI 设计、前端、后端、数据库、移动客户端等各方面。而项目越大、参与的人越多，就代表着开发成本和沟通成本越高，为了降低成本，企业对于全栈工程师这样的复合型人才越来越青睐。目前，Web 全栈工程师已是重金难求。在这样的大环境下，根据企业人才的实际需求，课工场携手 BAT 一线资深全栈工程师一起设计开发了这套“Web 全栈工程师系列”教材，旨在为读者提供一站式实战型的全栈应用开发学习指导，帮助读者踏上由入门到企业实战的 Web 全栈开发之旅！

丛书特点

1．以企业需求为设计导向

满足企业对人才的技能需求是本丛书的核心设计原则，为此课工场全栈开发教研团队，通过对数百位 BAT 一线技术专家进行访谈、上千家企业人力资源情况进行调研、上万个企业招聘岗位进行需求分析，从而实现对技术的准确定位，达到课程与企业需求的强契合度。

2．以任务驱动为讲解方式

丛书中的知识点和技能点都以任务驱动的方式讲解，使读者在学习知识时不仅可以知其然，而且可以知其所以然，帮助读者融会贯通、举一反三。

3．以边学边练为训练思路

本丛书提出了边学边练的训练思路：在有限的时间内，读者能合理地将知识点和练习融合，在边学边练的过程中，对每一个知识点做到深刻理解，并能灵活运用，固化知识。

4．以“互联网+”实现终身学习

本丛书可配合使用课工场 App 进行二维码扫描，观看配套视频的理论讲解、PDF 文档，以及项目案例的炫酷效果展示。同时课工场在线开辟教材配套版块，提供案例代码及作业素材下载。此外，课工场也为读者提供了体系化的学习路径、丰富的在线学习资源以及活跃的学习交流社区，欢迎广大读者进入学习。

读者对象

1．大中专院校学生
2．编程爱好者
3．初级程序开发人员
4．相关培训机构的老师和学员

致谢

本丛书由课工场全栈开发教研团队编写。课工场是北京大学优秀校办企业，作为国内互联网人才教育生态系统的构建者，课工场依托北京大学优质的教育资源，重构职业教育生态体系，以学员为本，以企业为基，构建“教学大咖、技术大咖、行业大咖”三咖一体的教学矩阵，为学员提供高端、实用的学习内容！

读者服务

读者在学习过程中如遇疑难问题，可以访问课工场在线，也可以发送邮件到ke@kgc.cn，我们的客服专员将竭诚为您服务。

感谢您阅读本丛书，希望本丛书能成为您踏上全栈开发之旅的好伙伴！

“Web 全栈工程师系列”丛书编委会

前　　言

随着网络技术的飞速发展，各种前端开发技术层出不穷。前端工程化以及组件化开发模式日益流行，在流行框架的使用中也显得尤为突出。本书以大觅项目贯穿，核心技术栈采用在前端开发者社区颇受欢迎的 Webpack+Vue.js+Vuex+ES6。

二十大报告中指出“必须坚持自信自立”，本书的编写始终以二十大报告中提出的“坚定道路自信、理论自信、制度自信、文化自信”的思想为指导，选择 Vue 国产框架作为核心讲解内容，弘扬文化自信并坚信国产软件的发展潜力和技术实力，以为国育才、服务行业发展为目标，完成内容的编写与案例的组织。

本书内容分为 4 个部分、10 个章节，即项目起步、Vue.js 介绍、项目插件、项目梳理 4 个部分，具体安排如下：

第一部分（第 1～2 章）：了解大觅项目的前端架构设计以及开发前的一些前置技能储备，包括能够使用 Vue-cli 脚手架搭建项目环境，与 Vue.js 配套的 UI 框架（iView 框架）的使用，构建工具 Webpack 的安装配置和使用，大觅项目中 ES6 语法的使用，从而能够快速搭建项目并掌握开发项目的前置技能。

第二部分（第 3～8 章）：介绍 Vue.js 框架，主要包括路由搭建、Vue.js 的基础知识、常用指令、与服务器端通信（Axios）、组件之间的通信、计算属性以及侦听器等内容。

第三部分（第 9 章）：针对大觅项目中使用的插件进行介绍，主要包括 Vuex、百度地图插件以及生成二维码插件。插件在项目开发中经常用到，可以非常方便地帮助开发人员解决开发中遇到的实际问题，所以掌握插件的使用方法是非常有必要的。

第四部分（第 10 章）：经过前面 9 章内容的学习，读者已经具备了开发项目的能力，最后一章会针对项目进行总结梳理，并对项目页面进行逐一分析，读者可以对照项目截图学习，准确理解项目页面模块的实现思路，对开发项目来说将非常有帮助。

读者阅读本书还需要掌握正确的学习方法，养成课前预习、课上练习、课下复习的好习惯，相信持之以恒，定能学有所成，从而完成从“不会→会→熟练→精通”的蜕变。学完本书后，读者都能够掌握 Vue.js 框架，利用所学内容进行项目实战。

学习方法

初学编程技术，要养成好的学习习惯、掌握正确的学习方法，然后持之以恒，定能学有所成。以下介绍一些学习方法。

课前：

- 浏览预习作业，带着问题读教材，并记录疑问。
- 即使看不懂也要坚持看完。
- 提前将下一章的示例动手做一遍，记下问题。

➢ 框架和项目的侧重点是动手能力，不能只看理论，一定要多进行实际操作。

课上：

➢ 认真听讲，做好笔记。

➢ 完成上机练习或项目案例。

课后：

➢ 及时总结，完成教材中布置的作业。

➢ 多模仿，多练习。

➢ 多浏览技术论坛、博客，获取他人的开发经验。

本书提供了更加便捷的学习体验，读者可以直接扫描二维码下载书中所有的上机练习素材及作业素材。

本书由课工场 Web 全栈开发教研团队组织编写，参与编写的还有龙颖、李辉、崔欢欢、申玉霞等院校老师。尽管编者在写作过程中力求准确、完善，但书中不妥或错误之处仍在所难免，殷切希望广大读者批评指正！

关于引用作品的版权声明

为了方便读者学习，促进知识传播，本书选用了一些知名网站的相关内容作为学习案例。为了尊重这些内容所有者的权利，特此声明，凡在书中涉及的版权、著作权、商标权等权益均属于原作品版权人、著作权人、商标权人。

为了维护原作品相关权益人的权益，现对本书选用的主要作品的出处给予说明（排名不分先后）。

序号	选用的网站作品	版权归属
1	网易健康图片	网易
2	当当网图片	当当
3	百度部分页面	百度

以上列表中并未能全部列出本书所选用的作品。在此，我们衷心感谢所有原作品的相关版权权益人及所属公司对职业教育的大力支持！

智慧教材使用方法

扫一扫查看视频介绍

由课工场“大数据、云计算、全栈开发、互联网 UI 设计、互联网营销”等教研团队编写的系列教材，配合课工场 App 及在线平台的技术内容更新快、教学内容丰富、教学服务反馈及时等特点，结合二维码、在线社区、教材平台等多种信息化资源获取方式，形成独特的“互联网+”形态——智慧教材。

智慧教材为读者提供专业的学习路径规划和引导，读者还可体验在线视频学习指导，按如下步骤操作可以获取案例代码、作业素材及答案、项目源码、技术文档等教材配套资源。

1．下载并安装课工场 App。

（1）方式一：访问网址 www.ekgc.cn/app，根据手机系统选择对应课工场 App 安装，如图 1 所示。

图1　课工场App

（2）方式二：在手机应用商店中搜索“课工场”，下载并安装对应 App，如图 2、

图 3 所示。

图2 iPhone版手机应用下载

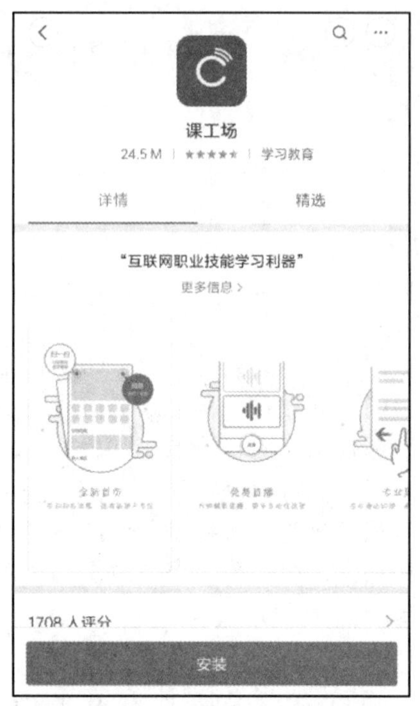

图3 Android版手机应用下载

2．登录课工场 App，注册个人账号，使用课工场 App 扫描书中二维码，获取教材配套资源，依照如图 4 至图 6 所示的步骤操作即可。

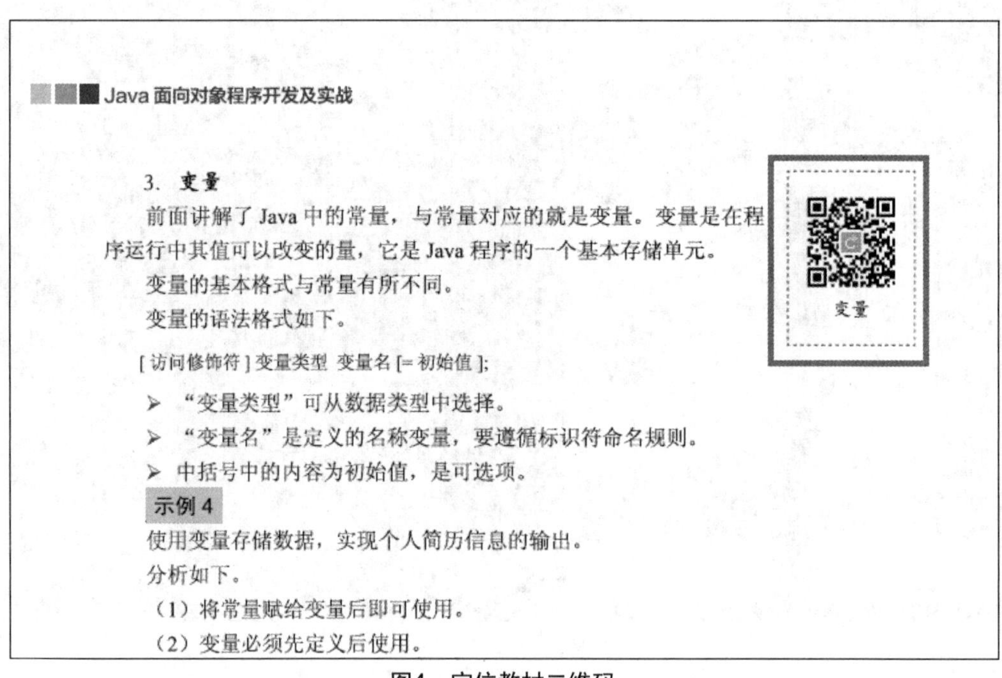
Java 面向对象程序开发及实战

3．变量

前面讲解了 Java 中的常量，与常量对应的就是变量。变量是在程序运行中其值可以改变的量，它是 Java 程序的一个基本存储单元。

变量的基本格式与常量有所不同。

变量的语法格式如下。

[访问修饰符] 变量类型 变量名 [= 初始值];

- “变量类型”可从数据类型中选择。
- “变量名”是定义的名称变量，要遵循标识符命名规则。
- 中括号中的内容为初始值，是可选项。

示例 4

使用变量存储数据，实现个人简历信息的输出。

分析如下。

（1）将常量赋给变量后即可使用。

（2）变量必须先定义后使用。

图4 定位教材二维码

图5　使用课工场App“扫一扫”扫描二维码

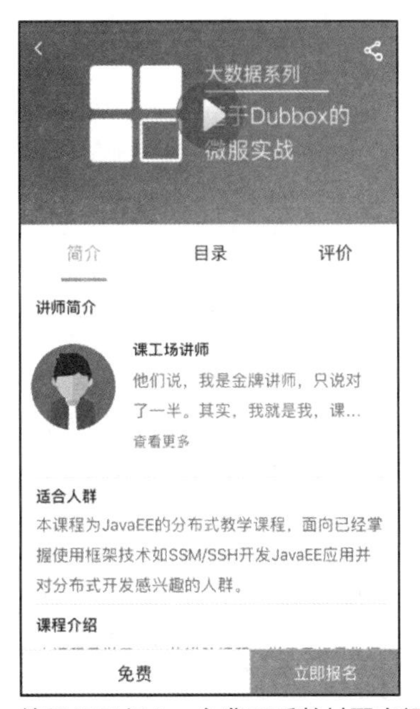

图6　使用课工场App免费观看教材配套视频

3．获取专属的定制化扩展资源。

（1）普通读者请访问 http://www.ekgc.cn/bbs 的“教材专区”版块，获取教材所需开发工具、教材中示例素材及代码、上机练习素材及源码、作业素材及参考答案、项目素材及参考答案等资源（注：图 7 所示网站会根据需求有所改版，仅供参考）。

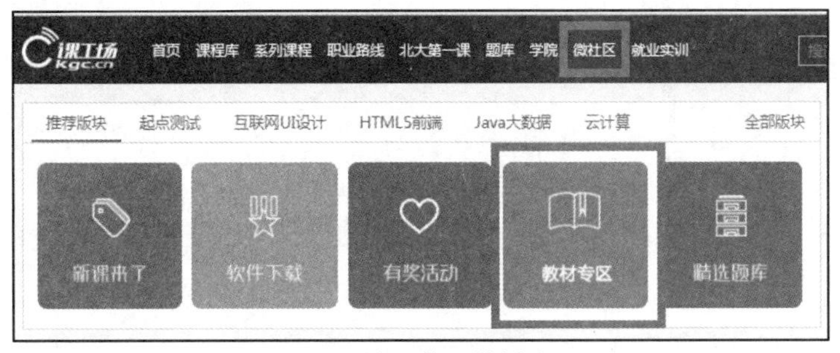

图7　从社区获取教材资源

（2）高校老师请添加高校服务 QQ：1934786863（如图 8 所示），获取教材所需开发工具、教材中示例素材及代码、上机练习素材及源码、作业素材及参考答案、项目素材及参考答案、教材配套及扩展 PPT、PPT 配套素材及代码、教材配套线上视频等资源。

图8　高校服务QQ

目　录

第 1 章

大觅项目架构设计

本章任务

任务 1：大觅项目业务场景
任务 2：大觅项目环境搭建
任务 3：前端架构设计

技能目标

- ❖ 掌握利用 Vue-cli 脚手架搭建项目环境
- ❖ 掌握 iView 框架使用
- ❖ 掌握构建工具 Webpack 的安装、配置、使用

本章知识梳理

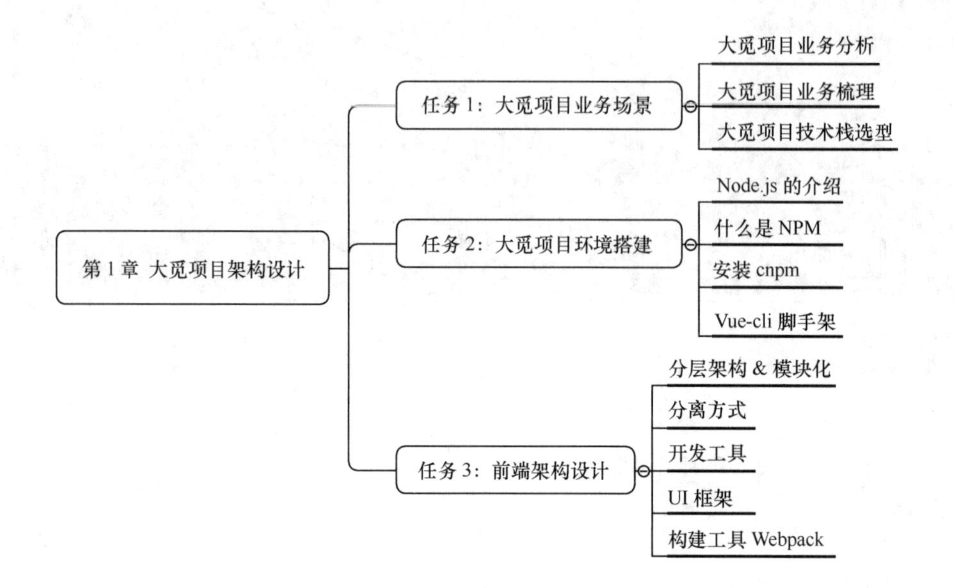

本章简介

随着互联网技术的不断发展，前端技术也在不断更新迭代中快速前进，涌现出不少新的框架，大大节约了开发成本和时间，典型的代表是前端三大框架——Angular.js、React.js、Vue.js。其中，Vue.js 框架更易上手、灵活度更高，在企业级开发中受到前端开发人员的青睐，本书大觅项目的实现便使用 Vue.js 框架完成。本章涉及大觅项目业务场景介绍、需求分析，技术栈选型，大觅项目的框架搭建，以及前端架构设计方面等内容。

通过本章内容的学习，读者可以对大觅项目有比较深刻的理解。本章的重点内容是使用 Vue-cli 脚手架搭建项目环境、使用 Vue.js 框架配套的 UI 框架 iView、配置并使用构建工具 Webpack。

预习作业

简答题

（1）简述大觅项目的需求。

（2）简述大觅项目的业务逻辑。

（3）如何安装和调试 Node.js？如何使用 Vue-cli 脚手架？

（4）如何在项目中使用 iView 框架？

（5）了解如何在项目中安装、配置构建工具 Webpack？

任务 1　大觅项目业务场景

大觅项目的业务类型属于票务销售。在网络已完全融入日常生活的今天，从网络上订购商品日益流行，当然也包括订购各种门票。大觅网便是可以选座订购门票的网站。图 1.1 至图 1.3 分别代表了大觅项目的首页、详情页和选座页。通过部分页面的展示，可以初步了解大觅项目。接下来会详细地介绍项目情况，首先介绍一下项目的业务需求。

图1.1　大觅项目首页

图1.2　大觅项目详情页

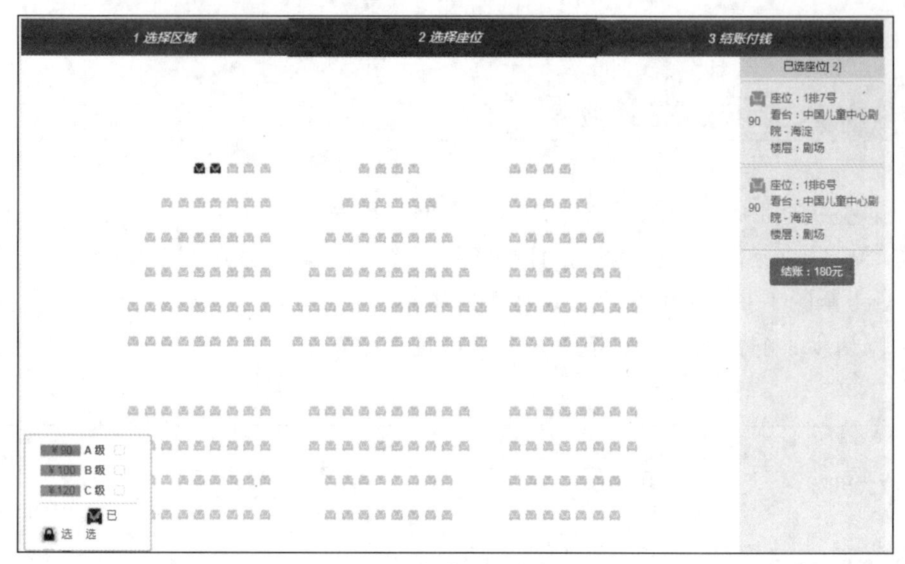

图1.3 大觅项目选座页

1.1.1 大觅项目业务分析

本节描述大觅项目的业务需求。首先分析一下大觅项目的业务，如图 1.4 所示。

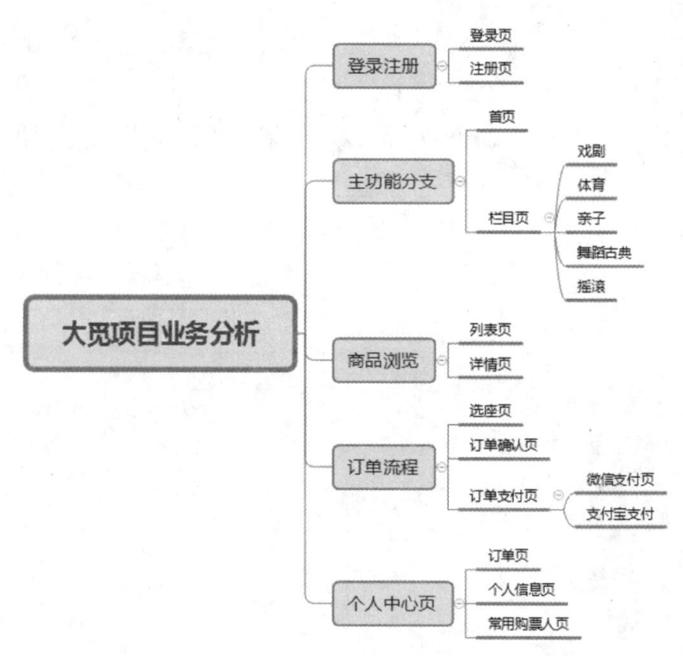

图1.4 大觅项目业务分析

通过图 1.4 对于大觅项目的业务有了大致了解，接下来针对每一个功能模块进行分析，首先看登录页，如图 1.5 所示。

如图 1.5 所示为大觅项目登录页，登录验证规则如下。

（1）登录方式分为两种：账户登录和短信快捷登录。

图1.5　大觅项目登录页

（2）账户登录中会对输入的手机号以及密码长度进行验证，如果输入有误，均会有相应的错误提示。

（3）短信快捷登录中，输入正确的手机号，单击发送动态密码按钮，会提示验证码发送成功。这里只是模拟实现功能，任意输入字符均可登录成功，跳转到项目首页。

图 1.6 所示为大觅项目注册页。

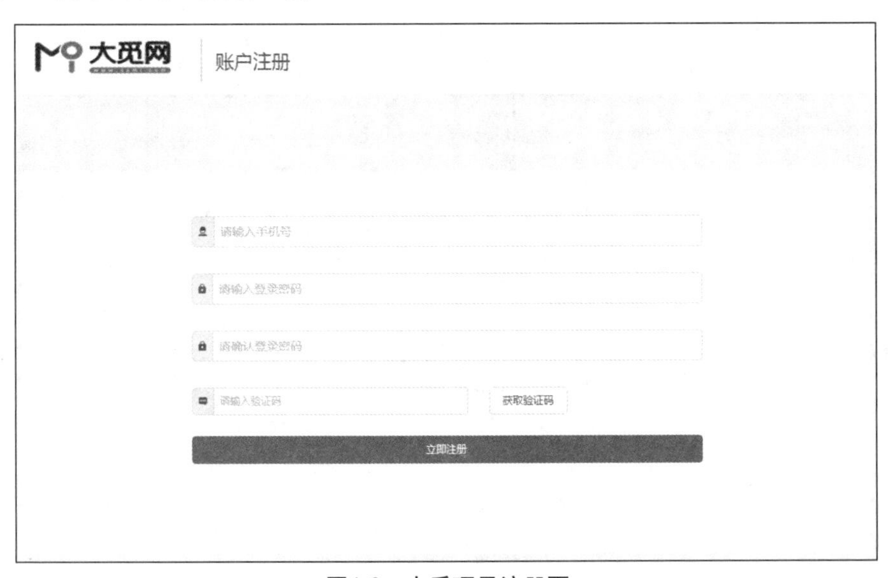

图1.6　大觅项目注册页

注册规则如下。

（1）注册时填写内容：手机号、登录密码、确认登录密码、验证码。

（2）会对手机号格式进行验证，如果有误会给出错误提示。

（3）登录密码不能为空且长度不能小于 6 位，如果输入的密码不符合要求，会给出错误提示。

（4）确认登录密码不能为空且与登录密码要求相同。

（5）验证码不能为空，单击“获取验证码”按钮，会提示验证码发送成功。这里只是模拟效果，可以填写任意字符。

（6）以上内容填写无误之后，单击“立即注册”按钮，会跳转到登录页。

通过对登录页面和注册页面的业务分析，发现这种梳理方式太过枯燥，而且之后的页面都是长页面，也不方便以截图的形式呈现。之后的业务分析可微信扫码观看视频。

1.1.2 大觅项目业务梳理

通过对大觅项目中每一个页面的功能进行分析，读者对每一个页面内部的具体情况有了大致了解。下面对项目的整个业务流程进行梳理分析。首先看一下大觅项目的业务流程图，流程图入口在项目首页，如图 1.7 所示。

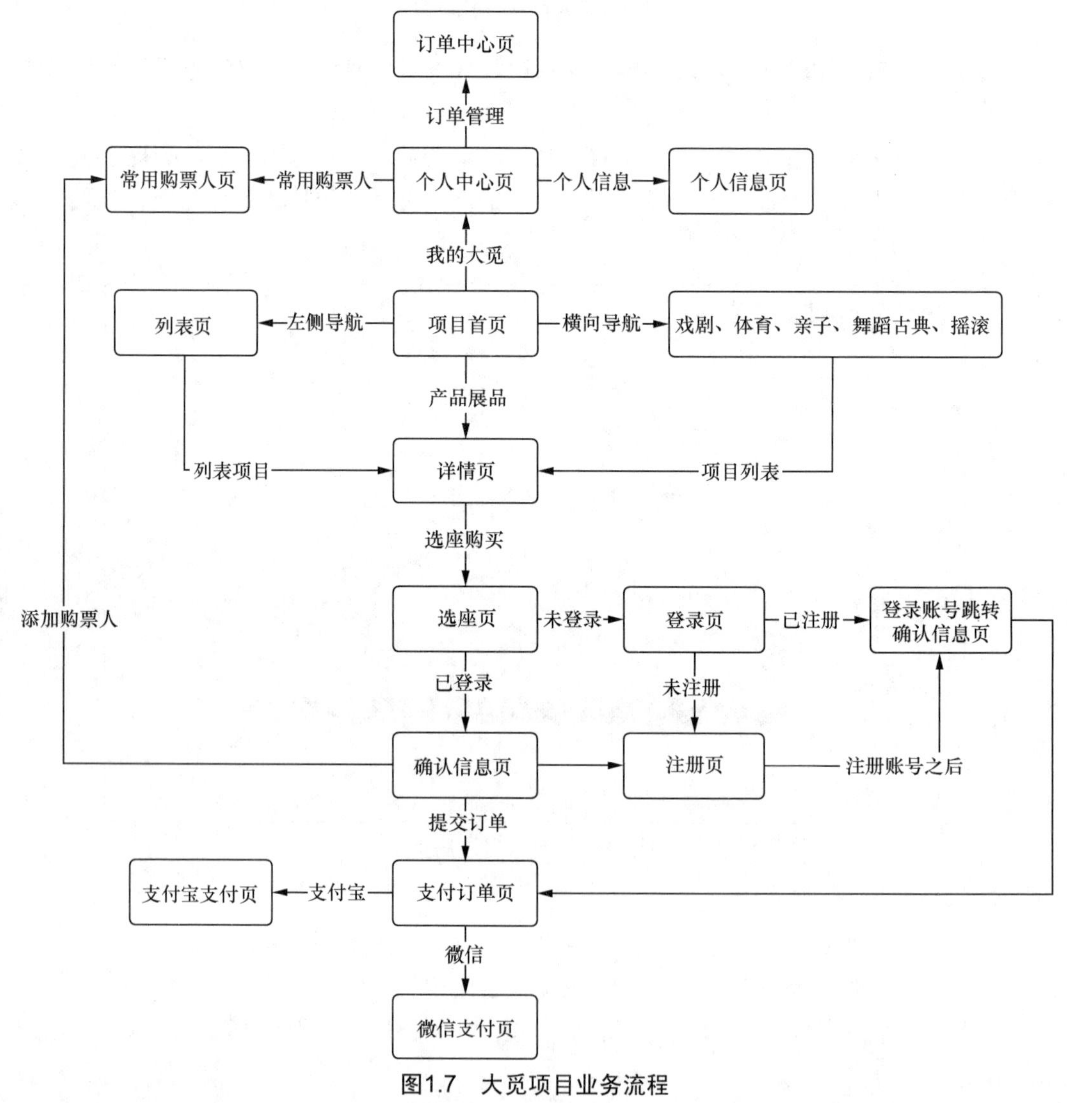

图1.7 大觅项目业务流程

大觅项目业务流程的入口是项目首页。下面举例梳理一条流程，首先通过首页的左侧导航进入到列表页，通过单击列表页中的商品进入到对应商品的详情页，在详情页选中演出时间、票价、购买数量，单击选座购买可以进入选座页面；选好座位之后，这里假设已经登录，就会进入信息确认页，在信息确认页中选择购票人以及填写发票等信息之后，单击提交订单会进入订单支付页；订单支付页中有两种支付方式可供选择，一种是微信支付，另一种是支付宝支付，这样就梳理出一条完整的流程，对应图 1.7。读者可以对其余的路径同理进行梳理，确保把整个项目的业务梳理清楚。

1.1.3　大觅项目技术栈选型

目前前端技术更新速度非常快，各种技术层出不穷，有前端自动化工具（Gulp、Grunt），前端组件化框架（Vue.js、React.js）、前端工程化（这是一套技术思想）、前端模块化（SeaJS、RequireJS、ECMAScript），简称四个“现代化”。同类技术虽然很多，但基本思想是相通的，每种技术学习其一即可，而且建议前端不要一味去追逐新技术，等到项目或者开发需要用到这些技术时，再去基于需求驱动学习，这样会理解得更快、更直接。本项目选择的核心技术是前端组件化框架 Vue.js，因此确定了 Vue.js+Webpack 这套技术栈，也是目前最火的技术栈之一。

下面分析一下大觅项目的技术栈选型。

- 安装 Node 环境，这是目前前端技术的基础环境，大部分技术栈都依赖它，所以必须要安装。
- 包管理工具 NPM 是伴随 Node 安装的，Node 安装之后，NPM 也自动安装完成了。建议使用淘宝镜像 CNPM，在后面会讲到如何切换到淘宝镜像使用。
- Vue-cli 的安装以及初始化 vue 项目。
- 与 Vue 框架搭配使用的 UI 框架选择 iView 框架，UI 框架可以大大节约开发时间和成本，如何安装配置后面会讲到。
- 页面路由选择使用 vue-router 插件来完成。
- Vue 项目里面的数据共享，选择使用 VueX 来管理。
- 选择使用 ECMAScript 6 语法编写 JavaScript。
- 选择 Vue 官方推荐的 axios 插件发送异步请求。
- 大觅项目为前后端完全分离的项目，需要的后台数据通过 Mock 数据进行模拟。
- 还要使用一些前端小工具或者插件，在后续章节会陆续介绍，这里就不再一一列举。

任务 2　大觅项目环境搭建

大觅项目的环境搭建依赖于 Node.js 的环境，所以接下来介绍 Node.js 的安装以及 NPM 包管理工具的安装、配置等。

1.2.1 Node.js 的介绍

Node.js 是一个基于 Chrome V8 引擎的 JavaScript 运行环境。Node.js 使用了一个事件驱动、非阻塞式 I/O 的模型，既轻量又高效。另外，Node.js 可以理解为 JavaScript 运行时环境（runtime），runtime 类似于国际会议中的同声翻译。接下来看一下如何安装 Node.js。

从官网下载 Node.js，官方提供适用不同系统、不同系统位数的安装包，读者可以根据自己的计算机配置进行选择性下载，具体如图 1.8 所示。

图1.8 Node.js安装包分类

注意

大觅项目中使用的 Node.js 版本为 V8.9.3，读者可以使用这个 Node.js 版本，也可以使用更高的版本。

安装完 Node.js 之后，如何验证 Node.js 是否安装成功呢？

在 Windows 系统中，按 Win+R 组合键调出“运行”窗口，输入“cmd”打开命令提示符窗口。输入“node -v”可得到对应的 Node.js 版本，说明 Node.js 已经安装成功，如图 1.9 所示。

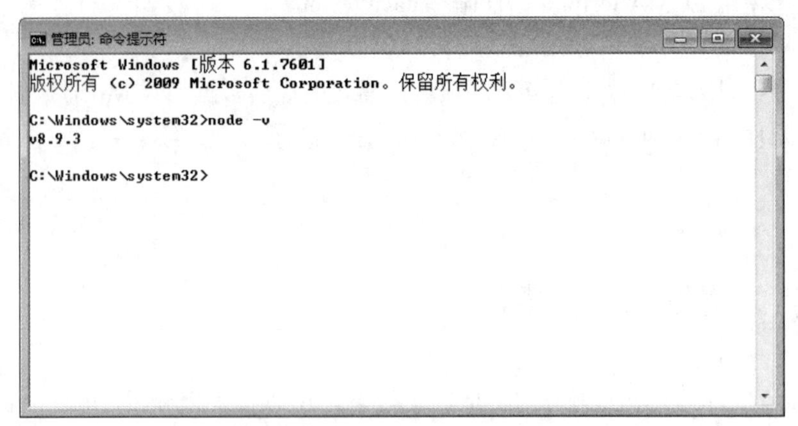

图1.9 验证Node.js是否安装成功

1.2.2　什么是 NPM

Node.js 的包管理器 NPM 是全球最大的开源库生态系统，它集成在 Node.js 中，在安装 Node.js 的时候就已经自带了 NPM 包管理工具。验证 NPM 是否安装成功的方法同验证 Node.js 的方法。

在命令行窗口中输入“npm -v”可得到 NPM 的版本，说明 NPM 已经安装成功，如图 1.10 所示。

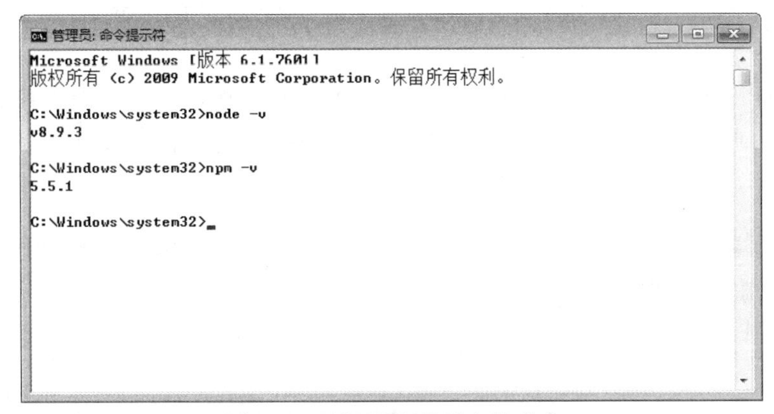

图1.10　验证NPM是否安装成功

NPM 安装成功之后，接下来要使用 NPM 安装依赖包了。那么如何安装依赖包呢？首先打开命令提示符窗口，了解一下 NPM 常用命令。

```
npm install <Module Name> -g          //安装模块　加不加“-g”代表是不是全局安装
npm list <Module Name>                //查看某个模块的版本号
npm uninstall <Module Name>           //卸载模块
npm update <Module Name>              //更新模块
```

注意

全局安装和非全局安装的区别：

举例说明，使用“npm install express -g”安装 express 框架后，就可以在计算机的任意一个文件夹下打开命令提示符窗口，直接使用 express 创建项目，否则会遇到“'express'不是内部或外部命令，也不是可运行的程序”错误。读者应该也遇到过类似的问题，这就是非全局安装引起的，使用“npm install express”安装 express 框架为局部安装，局部安装就是将模块下载到当前命令行所在目录下，只有在当前目录下才可以用。

1.2.3　安装 cnpm

NPM 安装插件需要从国外服务器下载，受网络影响大，下载比较慢，容易出现异常。

来自淘宝 NPM 镜像官网：

这是一个完整的 npmjs.org 镜像，可以用此代替官方版本（只读），同步频率目前为 10 分钟一次，以保证尽量与官方服务同步。

既然淘宝 NPM 镜像这样方便，那么该如何使用呢？

使用方法比较简单，只需要在命令行中输入以下内容，按回车键等待安装成功即可。

```
npm install -g cnpm --registry=https://registry.npm.taobao.org
```

安装 CNPM 成功之后，输入“cnpm -v”，如图 1.11 所示，可以查看到当前 CNPM 版本，所有用到 NPM 的地方便可以全部替换为 CNPM，这样就成功切换到淘宝 NPM 镜像上了。

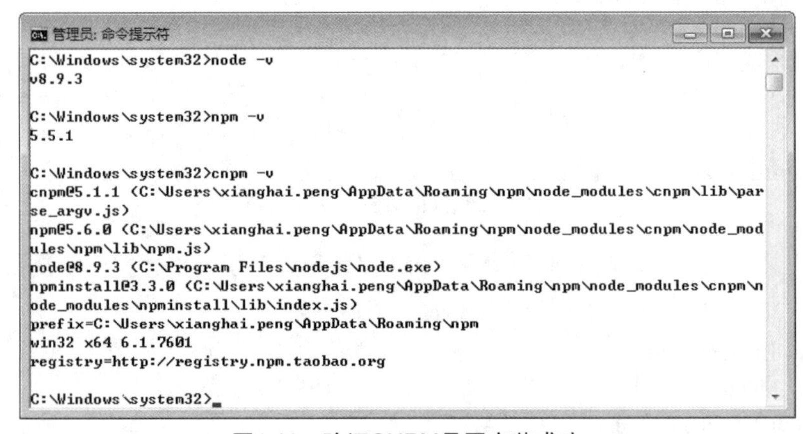

图1.11　验证CNPM是否安装成功

1.2.4 Vue-cli 脚手架

Vue-cli 是一个官方命令行工具，可用于快速搭建大型单页面应用。该工具提供开箱即用的构建工具配置，带来现代化的前端开发流程，只需几分钟即可创建并启动一个带热重载、保存时静态检查，以及可用于生产环境构建配置的项目。

单页面应用（Single Page Web Application，SPA）

只有一个 Web 页面的应用，如图 1.12 所示，是一种从 Web 服务器加载的富客户端，单页面跳转仅刷新局部资源，公共资源（js、css 等）仅需加载一次。

多页面应用（Multi-Page Application，MPA）

多页面跳转刷新所有资源，每个公共资源（js、css 等）需选择性重新加载，如图 1.13 所示。

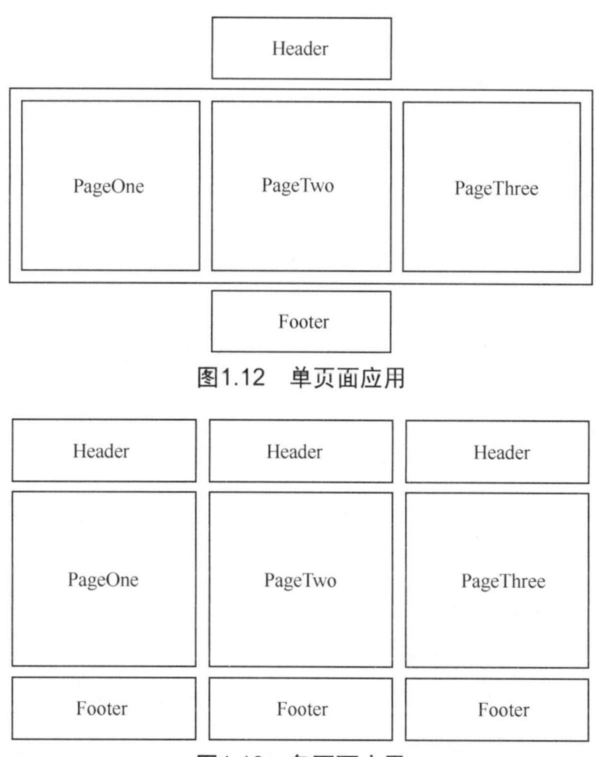

图1.12　单页面应用

图1.13　多页面应用

单页面和多页面应用详细对比分析，如表 1-1 所示。

表 1-1　单页面应用和多页面应用对比

	单页面应用	多页面应用
组成	一个外壳页面和多个页面片段	多个完整页面
资源共享（css、js）	共用，只需在外壳部分加载	不共用，每个页面都需要加载
刷新方式	页面局部刷新或更改	整页刷新
url 模式	a.com/#/pageone a.com/#/pagetwo	a.com/pageone.html a.com/pagetwo.html
用户体验	页面片段间的切换快，用户体验良好	页面切换加载缓慢，流畅度不够，用户体验差
搜索引擎优化	需要单独方案，实现较为困难，不利于 SEO 检索	可利用服务器端渲染（SSR）优化，实现方法简易
开发成本	较高，常需借助专业框架	较低，但页面重复代码多
维护成本	相对容易	相对复杂

上面对 Vue-cli 脚手架的定义进行了介绍，下面介绍如何安装使用 Vue-cli。

Vue-cli 是用 Node 编写的命令行工具，需要进行全局安装。首先打开命令提示符窗口，输入如下命令进行安装：

```
cnpm install vue-cli -g
```

安装 Vue-cli 脚手架之后，执行“vue -v”如果能显示 Vue-cli 的版本号，表示安装成功。在以后安装依赖包之后，可以通过<Module Name> --version 或者简写<Module Name> -v 来查看对应的版本号，如果能显示对应版本号，则说明安装成功。

另外还需要全局安装 Webpack，关于 Webpack 的内容后面会介绍到，这里只需先安装：

```
cnpm install webpack -g
```

到这里，准备工作已经结束了，可以使用 Vue-cli 脚手架快速搭建单页面应用，只需在命令行窗口输入以下命令：

```
vue init webpack <项目名称>
```

例如：vue init webpack dm。

执行创建项目命令之后，会有一些命令行交互，在这里可以初始化一些项目信息，具体交互信息如图 1.14 所示。

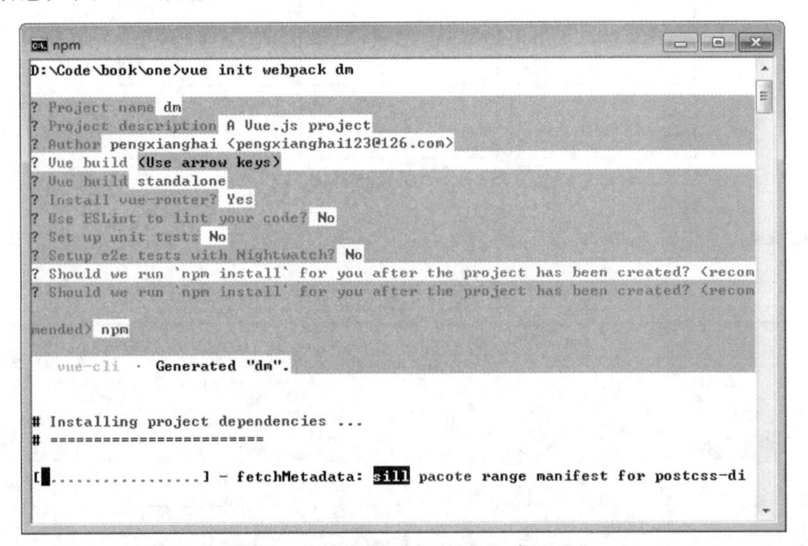

图1.14 使用脚手架快速生成项目

命令交互的含义如下：

- project name：如果输入新的项目名称，则会使用新输入的项目名称；直接回车的话，就会默认使用 webpack 后面跟的项目名称。
- Project description：项目的描述内容，可以自定义一些内容。
- Author: 作者，可以写上自己的邮箱或者 GitHub 的地址。
- Vue build：打包的方式，这里直接回车即可。
- Install vue-router? (Y/n)：是否安装 Vue 路由，建议选择 Yes，一般项目都需要路由功能。
- Use ESLint to lint your code? (Y/n)：是否启用 ESlint 检测，选择不启用。
- Set up unit tests (Y/n)：是否需要单元检测，建议选择不需要。

➢ Setup e2e tests with Nightwatch? (Y/n)：是否需要端对端的检测，建议选择不需要。

经过上面的步骤，项目基本的模板框架已经搭建起来了，下面要安装项目的依赖模块并启动项目。首先进入项目目录中，使用命令“cd dm”，接下来安装项目依赖模块，运行命令“cnpm install”。安装项目依赖模块之后便会多出一个 node_modules 文件夹，安装的依赖模块都在这个文件夹中，如图 1.15 所示。

build	2018/6/26 13:21	文件夹	
config	2018/6/26 13:21	文件夹	
node_modules	2018/6/26 13:27	文件夹	
src	2018/6/26 13:21	文件夹	
static	2018/6/26 13:21	文件夹	
.babelrc	2018/6/26 13:21	BABELRC 文件	1 KB
.editorconfig	2018/6/26 13:21	Editor Config 源...	1 KB
.gitignore	2018/6/26 13:21	文本文档	1 KB
.postcssrc.js	2018/6/26 13:21	JScript Script 文件	1 KB
index.html	2018/6/26 13:21	Chrome HTML D...	1 KB
package.json	2018/6/26 13:21	JSON 源文件	2 KB
package-lock.json	2018/6/26 13:27	JSON 源文件	351 KB
README.md	2018/6/26 13:21	Markdown 源文件	1 KB

图1.15　项目依赖模块存放位置

最后启动项目，运行命令：npm run dev。

启动项目之后需要打开浏览器，输入 http://localhost:8080，确认项目是否运行成功，项目启动成功之后，详情如图 1.16 所示。

项目启动成功之后，看一下项目目录结构，主要的目录结构如下：

➢ src 文件夹放置组件和入口文件。

➢ static 文件夹放置静态资源文件。

➢ index.html 为文件入口。

详细的目录结构如图 1.17 所示。

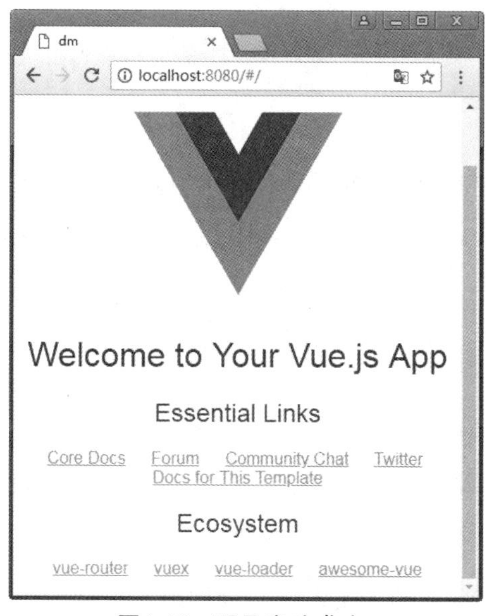

图1.16　项目启动成功

```
|- build (项目构建(webpack)相关代码)
   |- build.js (生产环境构建代码)
   |- check-version.js (检查node、npm等版本)
   |- utils.js (构建工具相关)
   |- webpack.base.conf.js  (webpack基础配置)
   |- webpack.dev.conf.js  (webpack开发环境配置)
   |- webpack.prod.conf.js (webpack生产环境配置)
   |- vue-loader.conf.js (loader的配置文件)
|- config (构建配置目录)
   |- dev.env.js (开发环境变量)
   |- index.js (项目一些配置变量)
   |- prod.env.js (生产环境变量)
|- node_modules (依赖的node工具包目录)
|- src (源码目录)
   |- assets (资源目录)
   |- components (组件目录)
   |- router (路由配置目录)
   |- App.vue (页面级Vue组件)
   |- main.js (页面入口JS文件)
|- static (静态文件目录,比如一些图片, json数据等)
|- index.html (入口文件)
|- package.json (项目描述文件)
|- .editorconfig (ES语法检查配置)
|- .babelrc (ES6语法编译配置)
|- .gitignore (git上传需要忽略的文件格式)
|- README.md (项目说明)
```

图1.17　项目目录结构

1.2.5 上机训练

上机练习 1——使用 Vue-cli 脚手架搭建大觅项目

需求说明

使用 Vue 脚手架 Vue-cli 快速搭建项目。使用命令行安装项目依赖，并且可以启动项目，页面效果如图 1.18 所示。

图1.18 大觅项目

任务 3 前端架构设计

1.3.1 分层架构&模块化

谈到架构设计，很多人都会想到 MVC、MVP、MVVM 等，那么前端开发为什么要进行架构设计呢？使用原始的方式进行开发有什么问题呢？首先看一下原始开发存在的以下问题。

- 难以维护
- 加载缓慢
- 体验差
- 重复编码
- 扩展困难
- 前后端耦合度高

在原始开发的时候都会遇到以上问题，从这些问题中又发现了使用前端框架的重要性，有些人或多或少地接触过框架，但是对前端框架的认知还不够。大觅项目使用分层架构设计（把功能相似、抽象级别相近的实现进行分层，使逻辑变得清晰，容易理解和维护，也称作多层架构或 N 层架构），在这里使用的是类 MVVM 的分层架构方式，但还不完全是 MVVM 的分层架构方式。分层架构的主要优势在于：易维护、可扩展、易复用、灵活性高，因此深受前端开发工程师喜爱。

在使用分层架构的同时还需要使用一种比较重要的技术——模块化。模块化是指解决一个复杂问题时自顶向下逐层把系统划分成若干模块的过程，有多种属性反映其内部特性，同时模块化还可以解耦实现并行开发。主要的模块化解决方案有：AMD（requirejs）、CMD（seajs）、CommonJS、ES6。模块化用来分割、组织和打包软件。每个模块完成一个特定的子功能，所有的模块按照某种方法组装起来，成为一个整体，完成整个系统的功能。在系统的结构中，模块是可组合、可分解和可更换的单元。模块化是一种将复杂系统分解成更好的可管理模块的方式。它通过在不同组件设定不同的功能，把一个问题分解成多个小的独立、互相作用的组件来处理复杂、大型的软件。

关于模块化的技术有很多，上面列举了四种。为了保证技术的前瞻性，大觅项目使用 ES6 进行代码的开发。虽然现在仍然有部分浏览器还不完全支持 ES6，但是 ES6 在企业中的应用非常广泛。可参照图 1.19 理解大觅项目架构设计。

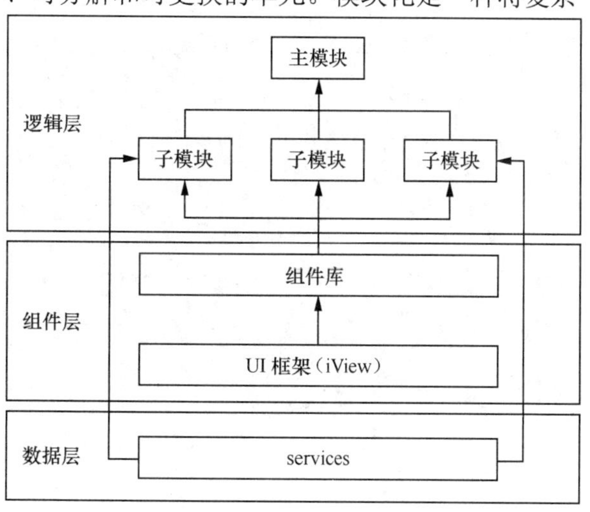

图1.19　大觅项目架构设计

1.3.2　分离方式

关于分离方式的内容，首先要介绍分离方式的种类，主要分为三种。

➢ 不分离
➢ 部分分离
➢ 完全分离

在以前的项目开发中，最经常采用的是方式是不分离或者部分分离，不分离和部分分离有什么缺点呢？

不分离：前后端共用同一个项目目录，本地开发环境搭建成本高，项目比较复杂、不宜维护且维护成本高、发布风险高，不利于问题的定位和修改。

部分分离：本地环境搭建成本较高，需要后端提供页面模板（JSP 等），更新和修改模板需要后端人员操作，效率低且不易维护，发布方式需要同时发布，且沟通成本比较高。

通过以上两点可以看出集成部署的缺点是存在的，但安全性比较高。有没有一种技术既能保证安全性又能解决以上问题呢？当然是有的，这就是完全分离即分布式。完全分离又分为两种：分离开发集成部署和分离开发分离部署。这里使用第二种：分离开发分离部署。前端使用纯 HTML 通过接口的方式进行数据的交互，降低系统的复杂度，部署时单独部署到一台服务器上，使用代理进行数据的交互。

1.3.3 Visual Studio Code 免费跨平台编辑器

Visual Studio Code 并不是微软提供的大型开发工具包 Visual Studio，而是微软在 2015 年 4 月发布的一款能够运行在 Windows、Mac OS 和 Linux 之上的免费跨平台编辑器。Visual Studio Code 具备优秀的性能，完备的特性，加之针对于 Web 开发的优化和方便的调试，被评价为最好用的集成开发环境。

Visual Studio Code 的官网首页如图 1.20 所示。

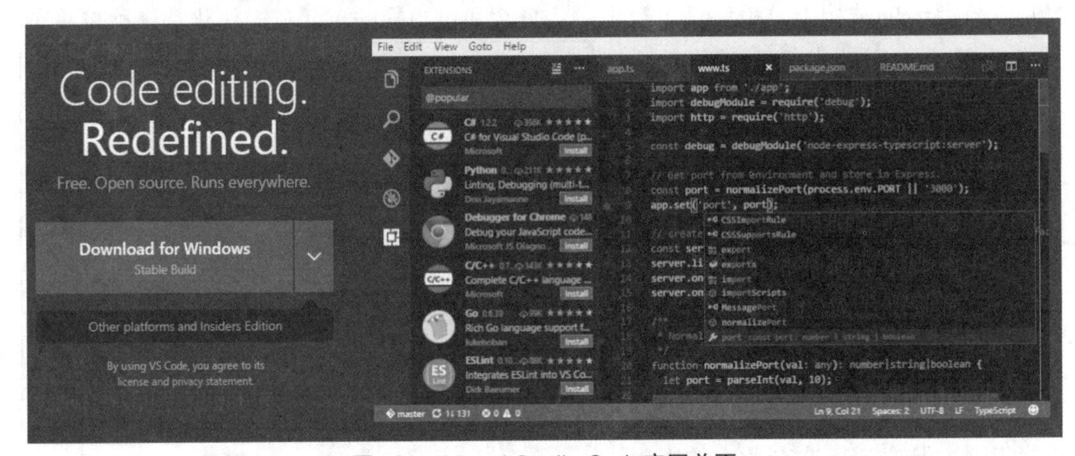

图1.20　Visual Studio Code官网首页

Visual Studio Code 下载安装的步骤很简单，只要下载对应的电脑版本，单击下一步即可安装。打开主界面，如图 1.21 所示。

图1.21　Visual Studio Code 主界面

Visual Studio Code 提供了大量的扩展插件，通过扩展插件可以提升开发效率。扩展插件可以单击“扩展”按钮安装，也可以访问网站获取，如图 1.22 所示。

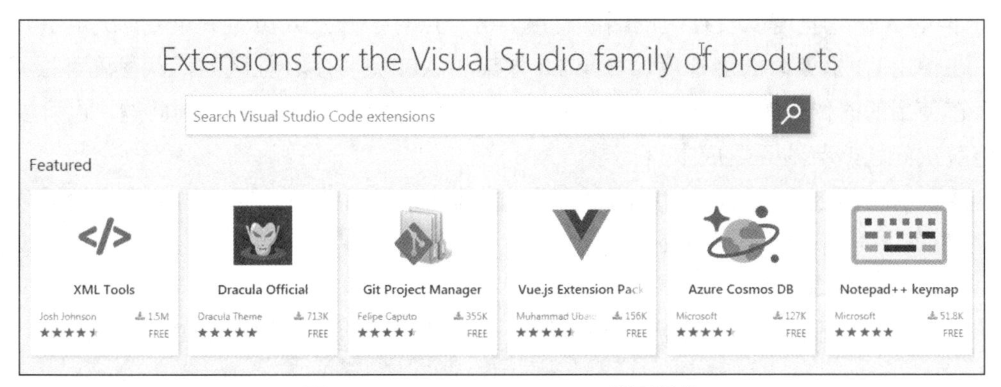

图1.22　Visual Studio Code 扩展插件

1.3.4　UI 框架

1. UI 框架分析

对于 UI 框架，读者都或多或少会有所了解，这里先来分析一下 UI 框架的优缺点。

优点：

➢ 快速搭建 Web 页面

➢ 集中精力完成业务代码

➢ 缩短开发周期

缺点：

➢ 冗余代码

➢ 无法定制化、精细化开发

通过上述优缺点分析，可以很清晰地了解 UI 框架。判断项目是否使用 UI 框架，要去权衡 UI 框架是否适合项目要求，如果项目开发工期比较紧，而且对项目精细化要求不是特别高，那么使用 UI 框架是最好的选择。

2. UI 框架的选择标准

在确定项目需要使用 UI 框架以后，又该如何选择配套的 UI 框架呢？市面上有很多 UI 框架，那么选择的标准又是什么呢？

➢ UI 框架是否能够满足项目要求

根据项目设计稿能够判断项目中需要哪些功能模块，比如需要日历功能模块，如果当前 UI 框架没有日历功能模块，那么就可以直接淘汰该 UI 框架了。

➢ 组件丰富度，效果炫酷度

随着技术的发展，人们对于现代互联网产品的要求越来越高，功能模块的实现成为最基本的要求，对于效果的炫酷度、视觉的冲击力、性能优化等要求也提高了很多。在 UI 框架能够满足基本的功能模块之后，接下来要考虑的便是效果的炫酷度，一款具有视觉冲击力的产品无疑更具竞争力。

➢ UI 框架的 API 完整度、社区的活跃程度

以上两条标准满足要求的情况下，最后要考虑的一点，也是非常重要的一点，就是UI 框架的 API 完整度以及社区的活跃程度，这一点对于开发人员至关重要，决定了开发人员在使用 UI 框架时的舒适度。如果 UI 框架的 API 完整度、社区的活跃程度都很好，那么在使用的时候，能够快速搭建 Web 页面，即使在使用的过程中遇到问题，也可以很快地解决问题，节约开发成本。

通过对市面上搭配 Vue 使用的 UI 框架的筛选，最后选择 iView 框架作为大觅项目的 UI 框架，下面介绍一下 iView 框架。

3. iView 框架

（1）iView 框架是一套基于 Vue.js 的开源 UI 组件库，主要服务于 PC 界面的中后台产品。

iView 框架特性：

➢ 高质量、功能丰富
➢ 友好的 API，自由灵活地使用空间
➢ 细致、漂亮的 UI
➢ 事无巨细的文档
➢ 可自定义主题

（2）iView 框架安装

安装方式有两种：CDN 引入和 NPM 安装。因为项目搭建使用的是 Vue-cli 脚手架，这里推荐 NPM 安装的方式。进入项目目录中，打开命令提示符窗口，执行以下安装命令：

```
cnpm install iview --save
```

说明

--save 与--save-dev 的区别

--save 会把依赖包添加到 package.json 文件 dependencies 下

--save-dev 会把依赖包添加到 package.json 文件 devDependencies 下。

dependencies 是产品上线运行时的依赖，devDependencies 是产品开发时的依赖。devDependencies 下的模块是产品开发时用的，比如安装 js 的压缩包 gulp-uglify 时，采用 “cnpm install gulp-uglify --save-dev” 命令安装，因为在发布后就用不到这个插件包了，只是在开发中才用到它。dependencies 下的模块是产品发布后还需要依赖的模块，比如 router 插件库或者 Vue 框架等，在产品开发完成后肯定还要依赖它们，否则就无法运行项目。

（3）在项目中引入 iView 框架

执行以上安装命令之后，项目中已经安装了 iView 框架。在项目中引入 iView 框架，官方提供了两种方式，一种是一次性将全部组件引入到项目中，这种方式短平快，可以

很方便地解决问题，但是项目中不可能把 UI 框架中的所有组件都用到，所以这种引入方式会造成文件体积过大、冗余代码过多等问题，但是使用起来相当简单，可以在项目的任意页面直接使用。具体引入方式一般是在 Webpack 的入口页面 main.js 中做如下配置：

```
import Vue from 'vue';
import VueRouter from 'vue-router';
import App from 'components/app.vue';
import Routers from './router.js';
import iView from 'iview'; //引入 iView 框架
import 'iview/dist/styles/iview.css'; //引入 iView 框架样式

Vue.use(VueRouter);
Vue.use(iView);

// The routing configuration
const RouterConfig = {
    routes: Routers
};
const router = new VueRouter(RouterConfig);

new Vue({
    el: '#app',
    router: router,
    render: h => h(App)
});
```

说明

组件是什么？

组件是将一个或几个完成各自功能的代码段封装为一个或几个独立的部分。用户界面组件就包含了这样一个或几个具有各自功能的代码段，最终完成了用户界面。

另外一种方式是按需引入组件，也就是项目中需要什么组件，就引入什么组件，实现按需加载，减少文件体积。接下来看一下按需引入的加载方式：

首先要安装一个插件：

```
npm install babel-plugin-import --save-dev
```

提示

babel-plugin-import 插件可以从组件库中引入需要的模块，而不是把整个库都引入，从而提高性能。

然后在.babelrc 文件中添加代码：

```
{
"plugins": [["import", {
    "libraryName": "iview",
    "libraryDirectory": "src/components"
  }]]
}
```

配置完成之后，下面便是具体的使用：

```
import { Button, Table } from 'iview';
Vue.component('Button', Button);
Vue.component('Table', Table);
```

采用这种引入方式，如果项目规模比较大，这样去引用组件将非常烦琐，使用起来也比较难于管理。

经验

经过上面两种方式的对比，可以自行决定是否全部引入 iView 框架，在最后打包时候还可以将包进行拆分，使文件不至于太大。至于打包阶段的处理，后面再讲解，这里先把 iView 框架全部引入到项目中使用。

1.3.5 上机训练

上机练习 2——将 iView 框架引入大觅项目

需求说明

- 将 iView 框架全部引入到大觅项目中。
- 在 src\components 文件夹下打开 HelloWorld.vue 文件，将 class 名为 hello 的 div 内部标签全部删除，替换为 iView 框架的 button 组件：

```
<Button type="success">Success</Button>
```

页面效果如图 1.23 所示。

图1.23 将iView框架引入大觅项目

1.3.6 构建工具 Webpack

这里先简单列举几点前端构建的优势。

1. 解决 JavaScript 和 CSS 的依赖问题

在实际开发中经常发现 CSS 没起作用，JavaScript 的某个变量或方法找不到，很多情况下都是因为引入 JavaScript 或者 CSS 的顺序不对造成的，而使用构建工具就可以大大减少此类问题。

2. 性能优化

随着项目规模的增大，前端会由很多 JS 文件构成，为了使前端代码更清晰、结构更合理，就需要做两件事：文件合并和文件压缩，而构建工具就能够去完成这两件事情，当然构建所能做的事情远远不止这两件。

3. 效率提升（添加 CSS3 前缀）

在 CSS3 出现之初，各大浏览器对于 CSS3 的新属性的兼容性并不是很好，需要添加特定的浏览器前缀才能解决这个问题。但是人工添加，不光工作量大，而且有时候也会遗漏，而且这个工作没有什么技术含量。构建工具可以完成自动添加前缀工作。

在了解了构建工具的优势之后，为了减少不必要的人工投入，经过对前端市场的调研，根据构建工具的具体市场占比情况，选择使用占比最大、使用最为广泛的 Webpack 进行文件的打包和编译，以方便地进行前端代码的开发和维护。Webpack 可以将多种静态资源 js、css、less 转换成一个静态的文件（如图 1.24 所示），减少页面的请求，同时也减少转义 less 或 ES6 语法等工作，大大地提高了开发效率。

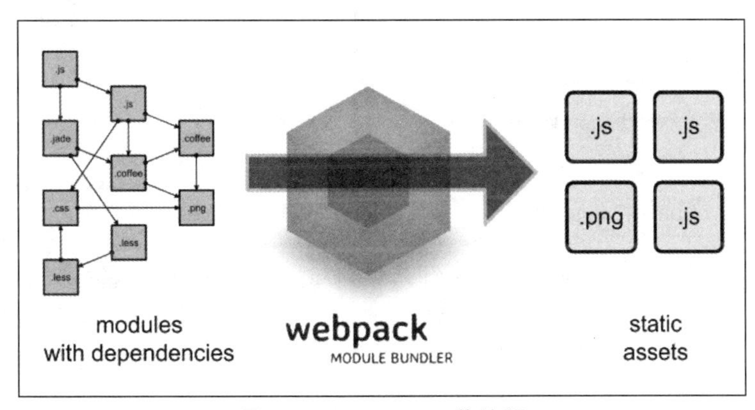

图1.24 Webpack工作流程

下面简单地从以下几点讲解 Webpack 的使用：安装 Webpack、使用 Webpack 打包部署、Webpack 配置文件、Webpack 配置文件的编写。

关于 Webpack 的使用，主要从以下几点讲解：打包部署、文件加载。

新建 webpack 文件夹，使用 Visual Studio Code 打开，在终端输入初始化命令“npm init”进行初始化，初始化完成之后就可以开始安装对应的插件了。

经验

npm init：用于创建一个 package.json。

（1）在 webpack 文件夹下新建 src 文件夹，在此文件夹下新建一个 index.js 文件；

（2）在 index.js 文件中添加以下代码：document.write("Hello world !")；

（3）在 webpack 文件夹下新建一个 index.html 文件，代码如下：

```
<html>
    <head>
        <meta charset="utf-8">
    </head>
```

```
    <body>
        <script type="text/javascript" src="build.js" charset="utf-8"></script>
    </body>
</html>
```

在终端输入“webpack ./src/index.js build.js”命令后，文件夹里会出现 build.js 文件（见图 1.25）。进入到 webpack 文件夹，用浏览器能够打开 index.html 文件（见图 1.26），这就表明已经打包完成了。

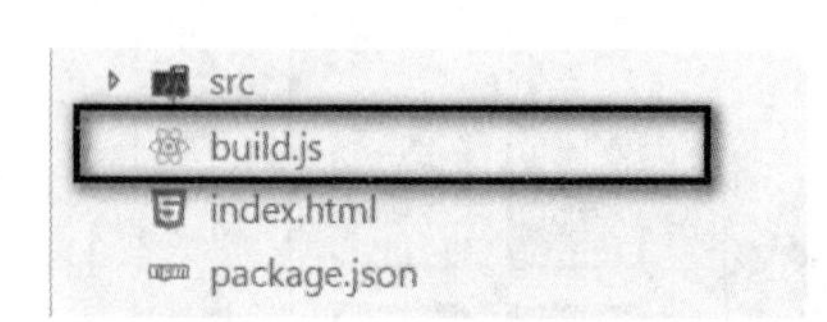

图1.25　Webpack打包js文件

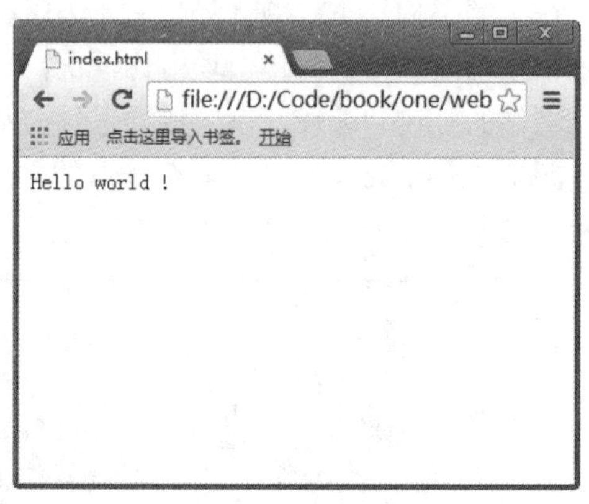

图1.26　Webpack打包之后页面效果

（4）添加第二个 js 文件，在 src 文件夹下新建一个 index2.js 文件，代码如下：

```
export let world=()=>{
document.write(" This is index2.js.");
}
```

index.js 文件代码如下：

```
import {world} from './index2.js'
world();
```

提示

export、import、let 均是 ECMAScript 6 的语法，之后会讲到。

代码修改完成之后输入“webpack ./src/index.js　build.js”命令，再打开页面显示出 index2.js 文件中输入的内容。

（5）引入 CSS 样式进行编译，在 src 文件夹下新建 style.css 文件，在文件里面添加：

```
body{background-color:red}
```

在 index.js 文件中添加：

```
import 'style.css'
```

使用“webpack ./src/index.js build.js”命令打包会报错，提示编码错误，不能解析 CSS 样式。需要将引入命令修改成：import "!style-loader!css-loader!./style.css"，再输入打包命令，发现还是报错，提示缺少 css-loader、style-loader 这两个文件。可以使用“cnpm install css-loader style-loader --save-dev”命令将文件添加到 package.json 文件中，如果在

后期打包部署时还是提示文件缺失，可以使用此命令添加文件；添加完成之后重新打包部署，页面显示为红色。

在上面的使用过程中，对不同的文件打包的时候需要引入对应的解析插件，但是使用这种方式非常不利于企业级开发，而且比较浪费时间，有没有一种更方便友好的方式呢？当然有，下面就来介绍 Webpack 配置文件的方式，使用 webpack.config.js 文件进行配置。

在 webpack 文件夹下新建一个 webpack.config.js 文件，在文件里面添加以下代码：

```
module.exports = {
    entry: "./src/index.js",
    output: {
        path: __dirname,
        filename: "build.js"
    },
    module: {
        loaders: [
            {
                test: /\.css$/,
                loader: "style-loader!css-loader"
            }
        ]
    }
};
```

将 index.js 文件中的“!style-loader!css-loader!”删除，直接运行 Webpack 即可，Webpack 会自动查找 webpack.config.js 文件。

在开发过程中每次修改代码都要手动构建，再刷新一次页面才能看到修改的界面效果，是否有别的方式来解决这个问题呢？如果能热更新代码就非常方便开发者了，解决方案是安装一些依赖包，具体包的配置会比较烦琐。到这里读者可能会想到 Vue-cli 脚手架工具，它可以快速搭建项目，省去配置的烦琐过程，方便开发。

小结

这里介绍的 Webpack 构建内容只是比较常用的一小部分，更多的 Webpack 构建内容可以去官方网站上深入学习。

1.3.7　上机训练

上机练习 3——分析大觅项目中 Webpack 配置

需求说明

介绍了构建工具 Webpack 之后，读者对于如何配置 Webpack 还不是很清楚，接下来针对 Vue-cli 脚手架搭建的项目中的 Webpack 配置给读者做解读，具体详情请使用微信扫描二维码。

Webpack 配置

本章作业

1．简述大觅项目的需求及业务场景。

2．简述大觅项目的架构设计包含的内容。

注意

为了方便读者验证答案，提升专业技能，请扫描二维码获取本章作业答案。

第 2 章

大觅项目中 ES6 的使用

本章任务

任务 1：let 和 const 命令
任务 2：变量的解构赋值
任务 3：使用箭头函数
任务 4：Map 数据结构
任务 5：Module 的语法
任务 6：Promise 对象

技能目标

- ❖ 掌握 let 和 const 命令
- ❖ 掌握对象的解构赋值
- ❖ 掌握箭头函数
- ❖ 掌握 export 和 import 命令

本章知识梳理

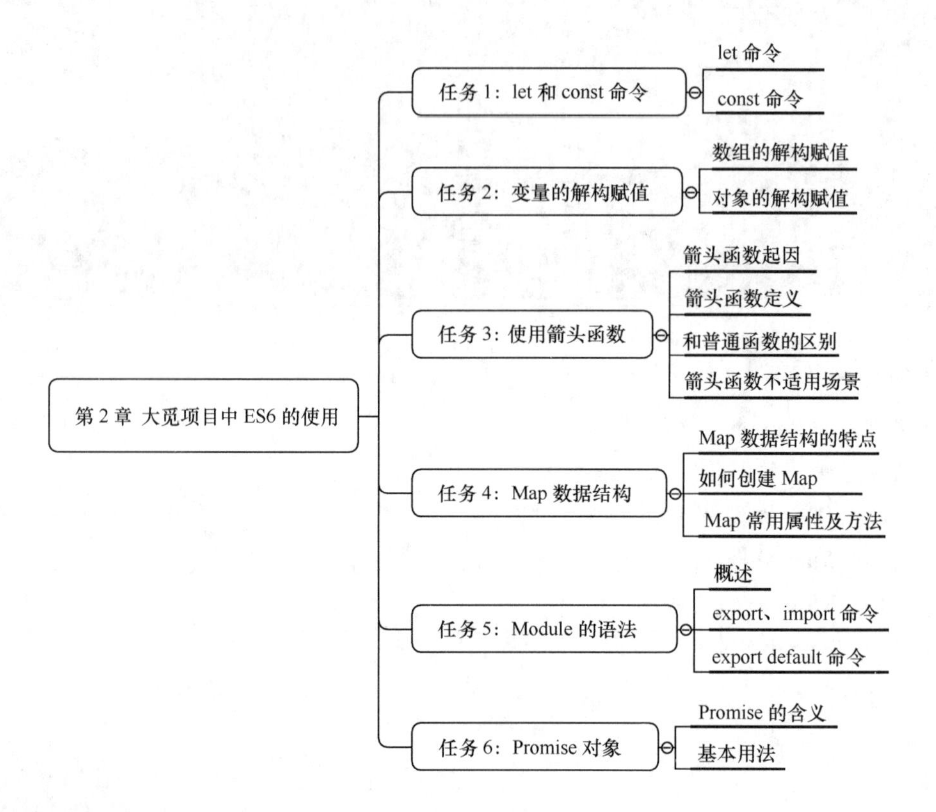

本章简介

ECMAScript 6.0（以下简称 ES6）是 JavaScript 语言的下一代标准，已经在 2015 年 6 月正式发布。ES6 的目标是使 JavaScript 语言可以用来编写复杂的大型应用程序，成为企业级开发语言。ES6 是 ES5 的升级版，解决了 ES5 语法中存在的一些问题，而且使用起来相对比较简单，在流行框架中使用较多。企业中对 ES6 的需求也在逐渐增强，对于前端开发者来说是非常有必要学习的一门技术。但是 ES6 中的语法点很多，本章只是介绍项目中经常用到的一些语法点，更为详细的 ES6 语法的使用，读者可自行学习。

预习作业

简答题

（1）简述 let 和 const 命令与 var 的异同点。

（2）简述变量的解构赋值。

（3）简述箭头函数起因、应用场景、使用方法。

（4）简述 Map 数据结构的常用属性及方法。

（5）简述 Module 语法的应用场景。

任务 1　let 和 const 命令

2.1.1　let 命令

ES6 新增了 let 命令，用来声明变量。它的用法类似于 var，但其声明的变量只在 let 命令所在的代码块内有效。

1. let 命令作用域只局限于当前代码块

示例 1

```
<!DOCTYPE html>
<html>
    <head>
      <meta charset="utf-8">
      <meta http-equiv="X-UA-Compatible" content="IE=edge">
      <title>let 命令作用域</title>
    </head>
    <body>

    </body>
</html>
<script>
      {
           let a = 10;
           var b = 1;
      }
      console.log(a) // ReferenceError: a is not defined.
      console.log(b) // 1
</script>
```

在示例 1 的代码中，分别用 let 和 var 声明了一个变量，然后在声明代码块之外调用输出，结果 let 声明的变量报错，var 声明的变量返回了正确的值。这表明，用 let 声明的变量只在它所在的代码块有效。

注意

本章主要讲解 JavaScript 的内容，HTML 的骨架代码占用篇幅比较多，后续示例只展示核心代码。

2. 使用 let 声明的变量作用域不会被提前

var 命令支持“变量提升”，即变量可以在声明之前使用，值为 undefined。这种现象多多少少有些奇怪，按照一般的逻辑，变量应该在声明语句之后才可以使用。

为了纠正这种现象，let 命令改变了语法行为，它所声明的变量一定要在声明之后才能使用，否则报错。

示例 2

```
// var 的情况
console.log(foo); // 输出 undefined
var foo = 2;

// let 的情况
console.log(bar); // 报错 ReferenceError:bar is not defined
let bar = 2;
```

示例 2 中变量 foo 用 var 命令声明，会发生变量提升，即脚本开始运行时，变量 foo 已经存在了，但是没有值，所以会输出 undefined。变量 bar 用 let 命令声明，不会发生变量提升，表示在声明它之前，变量 bar 是不存在的，如果用到它，就会抛出一个错误。

3. 在相同的作用域下不能声明相同的变量

let 命令不允许在相同作用域内重复声明同一个变量。

示例 3

```
// 报错
function func() {
    let a = 10;
    var a = 1;
}
// 报错
function func() {
    let a = 10;
    let a = 1;
}


// 报错
function func(arg) {
    let arg;
}
// 不报错
function func(arg) {
    {
        let arg;
    }
}
```

不能在函数内部重复声明参数，声明的参数也不能与形参同名。如果声明的参数是在另外一个作用域下，则是可以进行重复声明的。

4. for 循环体中 let 的父子作用域

有 5 个按钮，当单击某个按钮时，控制台可以打印输出当前单击的是第几个按钮。

按照常规的实现思路，代码实现如下：

示例 4

```
<!DOCTYPE html>
<html>

    <head>
      <meta charset="utf-8">
      <meta http-equiv="X-UA-Compatible" content="IE=edge">
      <title>for 循环体中 let 命令</title>
    </head>

    <body>
      <button>按钮</button>
      <button>按钮</button>
      <button>按钮</button>
      <button>按钮</button>
      <button>按钮</button>
    </body>

</html>
<script>
var btns = document.querySelectorAll('button');
for (var i = 0; i < btns.length; i++) {
      btns[i].onclick = function() {
            console.log("这是第" + i + "个按钮");
      }
}
</script>
```

在浏览器中查看运行效果，如图 2.1 所示。

图2.1　打印当前单击按钮

无论单击哪个按钮，最后打印的都是“这是第 5 个按钮”。什么原因呢？因为 for 是同步操作，而 for 循环内部的函数执行的是异步操作，当函数执行找不到 i 时，便会往上面的作用域查找，所以 i 的值为 5，最后打印的都是“这是第 5 个按钮”。下面通过上机训练 1 来看 let 命令如何解决这个问题。

2.1.2 上机训练

上机练习 1——let 命令使用

需求说明

- 使用 for 循环体中 let 的父子作用域，解决示例 4 中单击任意按钮最后均打印“这是第 5 个按钮”的问题，最终实现页面效果如图 2.2 所示。

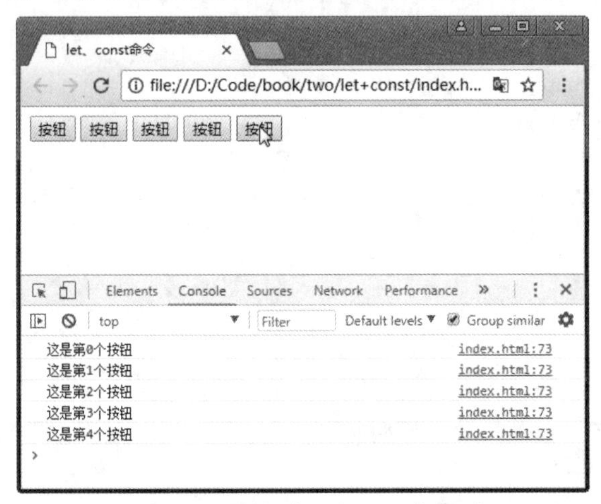

图2.2 for循环中let的父子作用域

2.1.3 const 命令

const 声明一个只读的常量。一旦声明，常量的值就不能改变。

示例 5

```
const PI = 3.1415;
console.log(PI);   // 3.1415
PI = 3;   // TypeError: Assignment to constant variable.
```

示例 5 表明改变常量的值会报错。

const 声明的常量不得改变值，这意味着 const 一旦声明常量，就必须立即初始化，不能留到以后赋值。

```
const foo; // SyntaxError: Missing initializer in const declaration
```

上面的代码表明，对于 const 来说，只声明不赋值，就会报错。

const 的作用域与 let 相同，只在声明所在的块级作用域内有效。const 命令声明的常量也不支持提升，同样和 let 命令一样只能在声明之后使用。同样，const 声明的常量，也与 let 一样不可重复声明。

const 实际上保证的并不是常量的值不得改动，而是常量指向的那个内存地址不得改动。对于简单类型的数据（数值、字符串、布尔值），值就保存在常量指向的那个内存地址，因此等同于常量。但对于复合类型的数据（主要是对象和数组），常量指向的内存地址保存的只是一个指针，const 只能保证这个指针是固定的，至于它指向的数据结构是不是可变的，就完全不受控制了。因此，将一个对象声明为常量必须非常小心。

示例 6

```
const foo = {};
// 为 foo 添加一个属性，可以成功
foo.prop = 123;
console.log(foo.prop) // 123
// 将 foo 指向另一个对象，就会报错
foo = {}; // TypeError: "foo" is read-only
```

示例 6 代码中常量 foo 存储的是一个地址，这个地址指向一个对象。不可变的只是这个地址，即不能把 foo 指向另一个地址，但对象本身是可变的，所以依然可以为其添加新属性。

示例 7

```
const a = [];
a.push('Hello');   // 可执行
a.length = 0;      // 可执行
a = ['Dave'];      // 报错
```

示例 7 中常量 a 是一个数组，这个数组本身是可写的，但是如果将另一个数组赋值给 a，就会报错。

小结

再次强调一下 let、const 命令的使用场景：const 一般在需要一个模块的时候用或者定义一些全局常量时用。而 let 限制了变量的作用域，保证变量不会去影响全局变量，所以尽量将 var 改为用 let。

任务 2 变量的解构赋值

ES6 允许按照一定模式从数组和对象中提取值，再对变量赋值，这被称为解构（Destructuring）。在实际的项目开发中，从数组和对象中提取值使用得非常频繁，本任务主要讲解如何从数组和对象中提取值。

2.2.1 数组的解构赋值

在以前的开发中为变量赋值，只能直接指定值。

示例 8

```
// 传统赋值
let a = 1;
```

```
let b = 2;
let c = 3;
// 在 ES6 的语法中允许这样
let [a, b, c] = [1, 2, 3];
```

示例 8 中代码表示可以从数组中提取值，按照对应位置对变量赋值。本质上，这种写法属于“模式匹配”，只要等号两边的模式相同，左边的变量就会被赋予对应的值。

示例 9 是使用嵌套数组进行解构的例子。

示例 9

```
let [foo, [[bar], baz]] = [1, [[2], 3]];
console.log(foo); // 1
console.log(bar); // 2
console.log(baz); // 3
let [x, , y] = [1, 2, 3];
console.log(x);   // 1
console.log(y);   // 3
```

如果解构不成功，变量的值就等于 undefined。示例 10 中 y 属于解构不成功，y 的值会等于 undefined。

示例 10

```
let [x, y] = ['a'];
console.log(x) // 'a'
console.log(y) // undefined
```

另一种情况是不完全解构，即等号左边的模式只匹配一部分等号右边的数组。这种情况下，解构依然可以成功。示例 11 属于不完全解构，但是可以成功。

示例 11

```
let [x, y] = [1, 2, 3];
console.log(x) // 1
console.log(y) // 2

let [a, [b], d] = [1, [2, 3], 4];
console.log(a) // 1
console.log(b) // 2
console.log(d) // 4
```

解构赋值也允许指定默认值。

示例 12

```
let [foo = true] = [];
console.log(foo); // true

let [x, y = 'b'] = ['a']; // x='a', y='b'
let [x, y = 'b'] = ['a', undefined]; // x='a', y='b'
let [x = 1] = [undefined];
console.log(x); // 1
```

```
let [x = 1] = [null];
console.log(x); // null
```

注意

ES6 内部使用严格相等运算符（===）来判断一个位置是否有值，所以只有当一个数组成员严格等于 undefined，默认值才会生效。

示例 12 代码中，如果一个数组成员是 null，默认值就不会生效，因为 null 不严格等于 undefined。

2.2.2　对象的解构赋值

解构不仅可以用于数组，还可以用于对象。对象的解构与数组的解构有一个重要的不同：数组的元素是按次序排列的，变量的取值由它的位置决定；而对象的属性没有次序，变量必须与属性同名，才能取到正确的值。

示例 13

```
let { bar, foo } = { foo: "aaa", bar: "bbb" };
console.log(foo) // "aaa"
console.log(bar) // "bbb"

let { baz } = { foo: "aaa", bar: "bbb" };
console.log(baz) // undefined
```

示例 13 代码的第一个例子，等号左边的两个变量的次序，与等号右边两个同名属性的次序不一致，但是对取值完全没有影响。第二个例子的变量没有对应的同名属性，导致取不到值，最后等于 undefined。

现在就有一个问题了，如果变量名与属性名不一致，该如何书写呢？必须写成示例 14 这样。

示例 14

```
let obj = { first: 'hello', last: 'world' };
let { first: f, last: l } = obj;
console.log(f) // 'hello'
console.log(l) // 'world'
```

通过示例 14，实际上说明示例 13 中的对象解构赋值可以简写为下面的形式。

```
let { foo: foo, bar: bar } = { foo: "aaa", bar: "bbb" };
```

经验

对象的解构赋值的内部机制，是先找到同名属性，再赋给对应的变量。真正被赋值的是后者，而不是前者。

示例 15

```
let { foo: baz } = { foo: "aaa", bar: "bbb" };
console.log(baz) // "aaa"
console.log(foo) // error: foo is not defined
```

示例 15 代码中，foo 是匹配的模式，baz 才是变量。真正被赋值的是变量 baz，而不是模式 foo。

对象的解构也可以指定默认值，如示例 16 代码所示。默认值生效的条件是对象的属性值严格等于 undefined。和之前数组解构一致，如果对象解构失败，变量的值也等于 undefined。不再赘述。

示例 16

```
let { x: y = 3 } = {};
console.log(y) // 3

let { x: y = 3 } = { x: 5 };
console.log(y) // 5
```

2.2.3 上机训练

上机练习 2——对象的解构赋值使用

需求说明

➢ 假设有一段 JSON 对象数据，利用对象的解构赋值来快速提取 JSON 数据的值。

说明

前端开发与后台交互得到的数据格式，一般情况下为 JSON 对象数据格式，利用对象的解构赋值可以很方便地提取 JSON 对象中的数据。

```
var jsonData = {
  id: 42,
  status: "OK",
  data: [123, 542]
};
```

任务 3 使用箭头函数

2.3.1 箭头函数起因

首先来看示例 17 代码。

示例 17

```
const Person = {
        'username': '小暖',
```

```
        'age': '18',
        'sayHello': function () {
            setInterval(function () {
             console.log('我叫' + this.username + '我今年' + this.age + '岁!')
            }, 1000)
        }
    }
    Person.sayHello();
```

示例 17 在浏览器中的运行结果如图 2.3 所示。

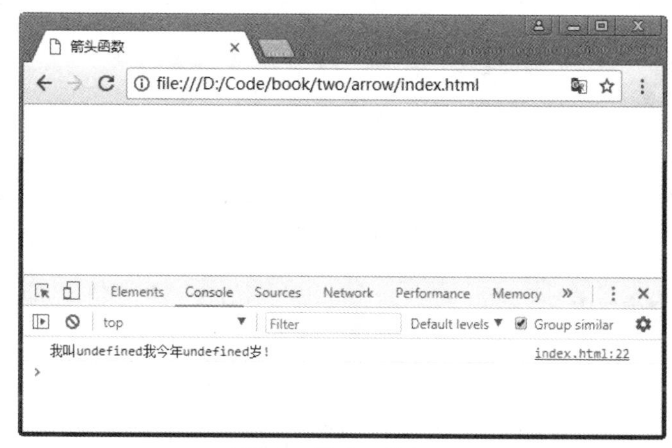

图2.3 箭头函数起因

如果对 JavaScript 特性不是很熟悉，会认为输出结果是“我叫小暖我今年 18 岁!”。但是输出结果是“我叫 undefined 我今年 undefined 岁!”。为什么会输出这种结果呢？因为 setInterval 是在全局作用域下执行的，所以 this 指向的是全局 window，而 window 上没有 username 和 age，所以输出的是 undefined。要怎么解决这个问题呢？

通常的写法是缓存 this，然后在 setInterval 中用缓存的 this 进行操作。

示例 18

```
const Person = {
        'username': '小暖',
        'age': 18,
        'sayHello': function () {
            let self = this
            setInterval(function () {
             console.log('我叫' + self.username + '我今年' + self.age + '岁!')
            }, 1000)
        }
    }
    Person.sayHello();
```

查看运行结果，如图 2.4 所示。

使用示例 18 的方法，输出的结果就是“我叫小暖我今年 18 岁!”。读者会觉得这样不科学，明明是写在对象里面的方法，为什么还要使用缓存对象才能正确使用。ECMA

官方觉得这确实是个问题，因此在之后 ES6 的新特性里添加了箭头函数，它能很好地解决这个问题。另外箭头函数还有一个优点就是可以简化代码量。

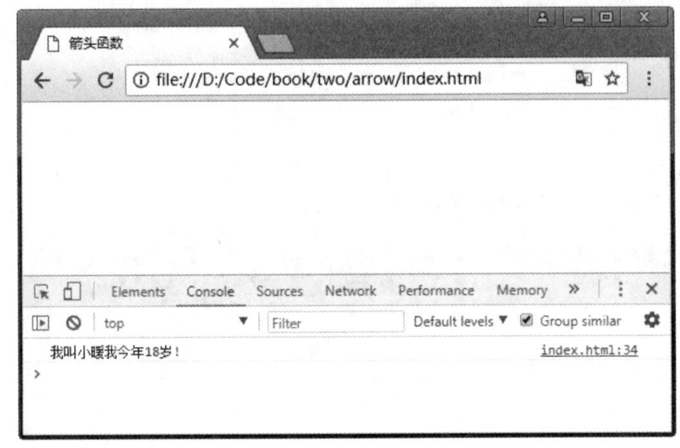

图2.4　缓存this

2.3.2　箭头函数定义

语法

```
(参数 1, 参数 2, …, 参数 N) => { 函数声明 }
(参数 1, 参数 2, …, 参数 N) => 表达式（单一）
//相当于：(参数 1, 参数 2, …, 参数 N) =>{ return 表达式; }

//当只有一个参数时，圆括号是可选的
(单一参数) => {函数声明}
单一参数 => {函数声明}

//没有参数的函数应该写成一对圆括号
() => {函数声明}
```

箭头函数的语法非常简单，之前没有接触过箭头函数的读者可能会惊讶于其代码的简洁。

示例 19

```
// 箭头函数的书写方式
() => console.log('Hello')
// 普通函数的书写方式
function(){
    console.log('hello')
}
```

对比之下，箭头函数的简洁性一目了然。

2.3.3　和普通函数的区别

与普通函数相比，箭头函数的优势主要表现在以下两个方面：

➢ 不绑定 this、arguments
➢ 更简化的代码语法

第二个特点不需要过多赘述，主要讲解不绑定 this 和 arguments 这两个特点。

1. 不绑定 this

不绑定 this 可以理解为箭头函数的 this 在定义的时候就确定了，以后不管如何调用箭头函数，箭头函数的 this 始终为定义时的 this。现在使用箭头函数来改写示例 18。

示例 20

```
function Person() {
        this.name = '小暖',
            this.age = 20,
            setInterval(() => {
                console.log('我叫' + this.name + '我今年' + this.age + '岁')
            }, 1000)
    }
    let p = new Person();
```

查看运行结果，如图 2.5 所示。

图2.5　箭头函数改写

2. 不绑定 arguments

箭头函数还有一点需要注意：不绑定 arguments，即如果在箭头函数中使用 arguments 参数是会出现一些问题的。看下面这段代码，需求是打印出 arguments 参数的长度。

示例 21

```
let arrowfunc = () => console.log(arguments.length)
arrowfunc();
```

查看运行结果，如图 2.6 所示。

所以在箭头函数中不能直接使用 arguments 对象，如果需要获得函数的参数又该怎么办呢？可以使用剩余参数来取代 arguments。

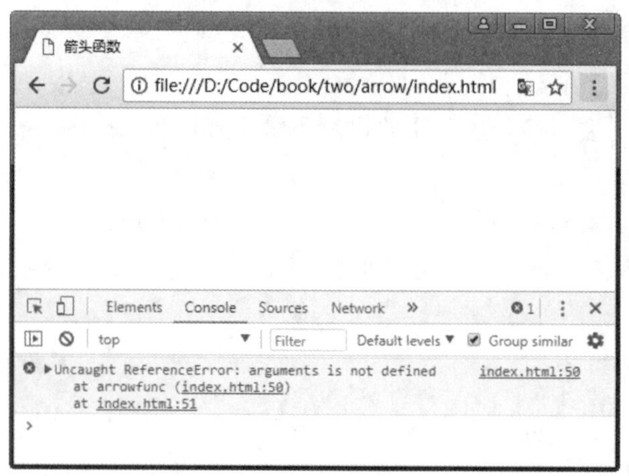

图2.6 不绑定arguments

提示

剩余参数语法允许将不确定数量的参数表示为数组。

示例 22

```
let arrowfunc = (...theArgs) => console.log(theArgs.length)
arrowfunc(1, 2);
```

查看运行结果，如图 2.7 所示。

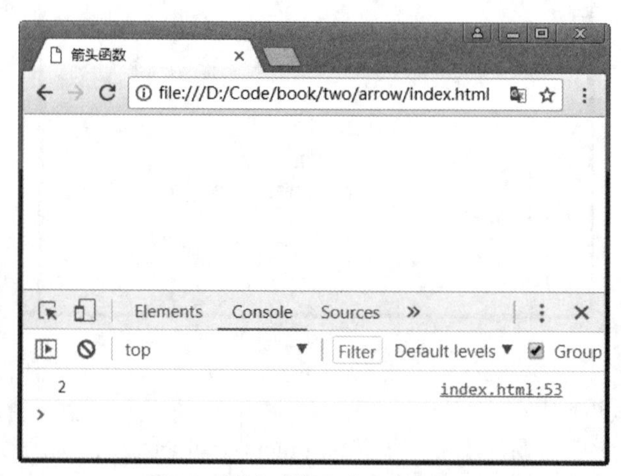

图2.7 剩余参数取代arguments

2.3.4 箭头函数不适用场景

了解了 ES6 箭头函数的优点，也看到了箭头函数的一些不足。那么在什么场景下不适合使用箭头函数呢？

1．对象的方法

在对象的方法中不建议使用箭头函数，如果使用了会导致一些问题的产生，看下面这段代码。

示例 23

```
const Person = {
        'username': '小暖',
        'age': 18,
        'sayHello': () => {
            setInterval(() => {
             console.log('我叫' + this.username + '我今年' + this.age + '岁!')
            }, 1000)
        }
    }
    Person.sayHello();
```

查看示例 23 运行结果，如图 2.8 所示。

图2.8　箭头函数作为对象方法

输出结果有问题，因为方法写在了对象里，而对象的括号是不能封闭作用域的，所以此时的 this 还是指向全局对象，而全局对象下没有 username 和 age 属性，所以会出现问题。

2. ***不能作为构造函数***

由于箭头函数的 this 具有不绑定的特点，不能使用箭头函数作为构造函数，如果这样做了，也会报错。

3. ***定义原型方法***

定义原型方法时，也不推荐使用箭头函数，看下面这段代码。

示例 24

```
function Person() {
    this.username = "小暖"
}
Person.prototype.sayHello = () => {
    console.log(this.username)
```

```
}
var p1 = new Person();
p1.sayHello();
```

查看示例 24 运行结果，如图 2.9 所示。

图2.9　定义原型方法

出现问题的原因是 this 指向 window 对象，这和使用箭头函数在对象中定义方法十分类似。

小结

箭头函数由于代码的简洁性和不绑定调用者 this 的特点，在非方法函数中使用最合适，而在方法函数中使用，需要特别注意它的 this 绑定问题，如果需要动态地修改 this，建议不要使用箭头函数。

任务 4　Map 数据结构

2.4.1　Map 数据结构的特点

JavaScript 的对象（Object）本质上是键值对的集合（Hash 结构），但是传统上只能使用字符串作为键，这给它的使用带来了很大的限制。为了解决这个问题，ES6 提供了 Map 数据结构。它类似于对象，也是键值对的集合，但其“键”的范围不限于字符串，各种类型的值（包括对象）都可以当作键。也就是说，Object 结构提供了“字符串—值”的对应，Map 结构提供了“值—值”的对应，是一种更完善的 Hash 结构实现。如果需要使用“键值对”的数据结构，Map 比 Object 更合适。

2.4.2 如何创建 Map

Map 可以接受一个数组作为参数，该数组的成员是一个个表示键值对的数组。查看示例 25 了解如何创建 Map。

示例 25

```
const map = new Map([
        ['name', '张三'],
        ['title', 'Author']
    ]);
console.log(map);
```

查看示例 25 运行结果，如图 2.10 所示。

图2.10 定义Map

2.4.3 Map 常用属性及方法

1. size 属性

size 属性返回 Map 结构的成员总数。

示例 26

```
const map = new Map([
        ['name', '张三'],
        ['title', 'Author']
    ]);
console.log(map.size);    //2
```

2. set 和 get 方法

set 方法设置键名 key 对应的键值为 value，然后返回整个 Map 结构。如果 key 已经有对应的键值，则键值会被更新，否则就新生成键值。set 方法返回的是当前的 Map 对象，因此可以采用链式写法。

示例 27

```
const map = new Map([
        ['name', '张三'],
        ['title', 'Author']
    ]);
map.set('friends',['大花','小朵']).set('edition', 6);
console.log(map);
```

查看示例 27 运行结果，如图 2.11 所示。

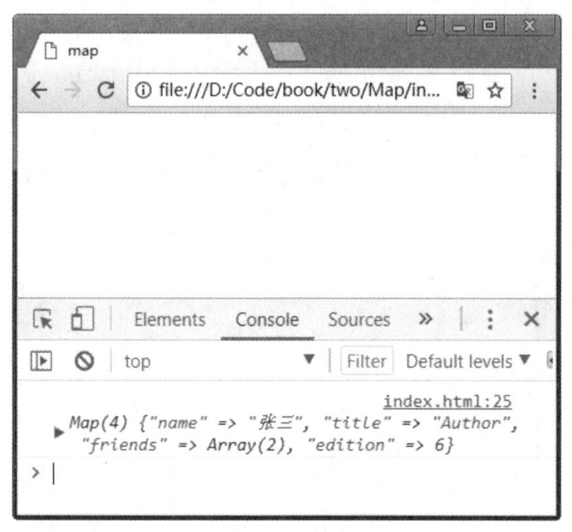

图2.11 set方法

get 方法读取 key 对应的键值，如果找不到 key，则返回 undefined。

示例 28

```
const map = new Map([
        ['name', '张三'],
        ['title', 'Author']
    ]);
map.set('friends',['大花','小朵']).set('edition', 6);
console.log(map.get('name')); //张三
```

3. has 方法

has 方法返回一个布尔值，判断某个键是否在当前 Map 对象之中。

示例 29

```
const map = new Map([
        ['name', '张三'],
        ['title', 'Author']
    ]);
map.set('friends',['大花','小朵']).set('edition', 6);
  console.log(map.has('edition'))      // true
  console.log(map.has('name'))         // true
  console.log(map.has('years'))        // false
```

4. delete 方法

delete 方法删除某个键，如果删除成功，返回 true；如果删除失败，返回 false。如示例 30 所示。

示例 30

```
const map = new Map([
        ['name', '张三'],
        ['title', 'Author']
    ]);
map.set('friends',['大花','小朵']).set('edition', 6);
  console.log(map.delete('edition'))
  console.log(map.delete('years'))
  console.log(map); //打印 map
```

查看示例 30 运行结果，如图 2.12 所示。

图2.12　Map的delete方法

5. 遍历方法

Map 结构原生提供 3 个遍历器生成函数和 1 个遍历方法。具体使用方法查看示例 31。

keys()：返回键名的遍历器。

values()：返回键值的遍历器。

entries()：返回所有成员的遍历器。

forEach()：遍历 Map 的所有成员。

示例 31

```
const map = new Map([
        ['name', '张三'],
        ['title', 'Author']
    ]);
for (let key of map.keys()) {
    console.log(key);   // name title
```

```
}
for (let value of map.values()) {
      console.log(value);    // 张三  Author
}
for (let [key, value] of map.entries()) {
      console.log(key, value);
      //name 张三
      //title    Author
}
map.forEach(function(value , index){
   console.log(index + ":"+ value);
      //name:张三
      //title:Author
})
```

任务 5 Module 的语法

2.5.1 概述

JavaScript 一直没有模块（module）体系，因此无法将一个大程序拆分成互相依赖的小文件，再用简单的方法拼装起来，这对开发大型的、复杂的项目形成了巨大障碍。

在 ES6 之前，社区制定了一些模块加载方案，最主要的有 CommonJS 和 AMD 两种。前者用于服务器，后者用于浏览器。ES6 在语言标准的层面上实现了模块功能，而且实现得相当简单，完全可以取代 CommonJS 和 AMD 规范，成为浏览器和服务器通用的模块解决方案。

ES6 模块的设计思想是尽量静态化，使得编译时就能确定模块的依赖关系，以及输入和输出的变量。

2.5.2 export、import 命令

在使用 ES6 的模块化设计时最常遇到的问题就是如何导入、导出属性和方法，在创建或者使用对应的 js 文件时常用 export 命令导出对应的属性和方法、import 命令导入对应的属性和方法。

1. export 命令

一个模块就是一个独立的文件，文件内部的所有变量外部无法获取。如果希望外部能够读取模块内部的某个变量，就必须使用 export 关键字输出该变量。

示例 32 是一个 JS 文件（假设文件名为 profile.js），使用 export 命令输出变量。export 命令对外部输出了 3 个变量。除了第一种写法之外，还有另一种写法是使用大括号指定要输出的一组变量。它与第一种写法是等价的，但是应该优先使用第二种写法。因为第二种写法可以直接写在脚本尾部，方便集中管理。

示例 32

```
// 第一种写法
export var firstName = 'Michael';
export var lastName = 'Jackson';
export var year = 1958;

// 第二种写法
var firstName = 'Michael';
var lastName = 'Jackson';
var year = 1958;
export { firstName, lastNamc, ycar };
```

export 命令除了输出变量，还可以输出函数，如示例 33 所示。

示例 33

```
// 导出单个函数
export function multiply(x, y) {
    return x * y;
};
// 导出多个函数
function v1() { }
function v2() { }
export {
    v1, v2
};
```

2. import 命令

使用 export 命令定义模块的对外接口以后，其他 JS 文件就可以通过 import 命令加载这个模块。

import 命令用于加载其他的文件，并从中输入变量。import 命令接受一对大括号，里面指定要从其他模块导入的变量名（或者函数名），大括号里面的变量名必须与被导入模块（profile.js）对外接口的名称相同。如示例 34 所示。

示例 34

```
// main.js
import {firstName, lastName, year} from './profile.js';

function setName(element) {
  element.textContent = firstName + ' ' + lastName;
}
```

注意

import 命令输入的变量都是只读的，因为它的本质是输入接口。也就是说，不允许在加载模块的脚本中改写接口。如果导入的是一个对象，改写对象的属性是允许的，但是这种改写不推荐使用，建议凡是输入的变量，都当作完全只读，轻易不要改变它的属性。

import 后面的 from 指定模块文件的位置，可以使用相对路径，也可以使用绝对路径，.js 后缀可以省略。

2.5.3 export default 命令

从示例 34 可以看出，使用 import 命令时，用户需要知道所要加载的变量名或函数名，否则无法加载。

为了给用户提供方便，不用阅读文档就能加载模块，需要用到 export default 命令，为模块指定默认输出。使用方法如示例 35 所示。

示例 35

```
// export-default.js
export default function () {
    console.log('foo');
}
// import-default.js
import customName from './export-default';
customName(); // 'foo'
```

示例 35 中的代码 export-default.js 是一个模块文件，它的默认输出是一个函数。import-default.js 为另外的模块。在加载 export-default.js 模块时，import 命令可以为匿名函数指定任意名字。在示例 35 中为匿名函数指定名称 customName，这时就不需要知道原模块输出的函数名。需要注意的是，这时 import 命令后面不使用大括号。

注意

export default 命令用在非匿名函数前也是可以的。因为函数名在模块外部是无效的，加载时视同匿名函数。

通过示例 33、示例 34 和示例 35 的对比可知，使用 export default 时，对应的 import 语句不需要使用大括号；不使用 export default 时，对应的 import 语句需要使用大括号。export default 命令用于指定模块的默认输出。显然一个模块只能有一个默认输出，因此 export default 命令只能使用一次。所以 import 命令后面才不用加大括号，因为只能唯一对应一个 export default 命令。

任务 6 Promise 对象

2.6.1 Promise 的含义

Promise 是异步编程的一种解决方案，比传统的解决方案——回调函数和事件更合理、更强大。它由社区最早提出和实现，ES6 将其写进语言标准，统一了用法，原生提供了 Promise 对象。

所谓 Promise，简单说就是一个容器，里面保存着某个未来才会结束的事件（通常是一个异步操作）的结果。从语法上说，Promise 是一个对象，可以从它获取异步操作的消息。Promise 提供统一的 API，各种异步操作都可以使用同样的方法进行处理。

Promise 对象有两个特点。

- 对象的状态不受外界影响。Promise 对象代表一个异步操作，有 3 种状态：pending（进行中）、fulfilled（已成功）和 rejected（已失败）。只有异步操作的结果可以决定当前是哪种状态，任何其他操作都无法改变这种状态。这也是 Promise 名字的由来，它的中文意思就是“承诺”，表示其他手段无法改变。
- 一旦状态改变，就不会再变，任何时候都可以得到这个结果。Promise 对象的状态改变，只有两种可能：从 pending 变为 fulfilled、从 pending 变为 rejected。只要这两种情况发生，状态就凝固了，不会再变了，并一直保持这个结果，这时就称为 resolved（已定型）。如果改变已经发生了，再对 Promise 对象添加回调函数，也会立即得到这个结果。这与事件（Event）完全不同，事件的特点是，如果错过了再去监听，将不会得到结果。

有了 Promise 对象，就可以将异步操作以同步操作的流程表达出来，避免使用层层嵌套的回调函数。此外，Promise 对象提供统一的接口，使得控制异步操作更加容易。

Promise 对象也有一些缺点。

- 无法取消 Promise，一旦新建就会立即执行，无法中途取消。
- 如果不设置回调函数，Promise 内部抛出的错误将不会反映到外部。
- 当处于 pending 状态时，无法得知目前进展到哪一个阶段（刚刚开始还是即将完成）。

2.6.2　基本用法

ES6 规定，Promise 对象是一个构造函数，用来生成 Promise 实例。

Promise 构造函数接受一个函数作为参数，该函数的两个参数分别是 resolve 和 reject。它们是两个函数，由 JavaScript 引擎提供，不用自己部署。

resolve 函数的作用是将 Promise 对象的状态从“未完成”变为“成功”（即从 pending 变为 resolved），在异步操作成功时调用，并将异步操作的结果作为参数传递出去。

reject 函数的作用是将 Promise 对象的状态从“未完成”变为“失败”（即从 pending 变为 rejected），在异步操作失败时调用，并将异步操作的报错作为参数传递出去。

在 Promise 实例生成以后，可以用 then 方法分别指定 resolved 状态和 rejected 状态的回调函数。

then 方法可以接受两个回调函数作为参数。

第一个回调函数是在 Promise 对象的状态变为 resolved 时调用，第二个回调函数是在 Promise 对象的状态变为 rejected 时调用。

第二个回调函数是可选的，不一定提供。它们都接受 Promise 对象传出的值作为参数。下面来看一下示例 36。

示例 36

```
const promise = new Promise(function(resolve, reject) {
  // ... some code

  if (/* 异步操作成功 */){
    resolve(value);
  } else {
    reject(error);
  }
});
promise.then(function(value) {
  // success
}, function(error) {
  // failure
});
```

本章作业

1. 利用 map 数据结构筛选 json 数组。

json 数组如下：

```
json = [
    { "id": 1001, "market": "上交所", "hypCode": "shzfz01","enterDate": "2018-05-14", "operator": "admin" },
    { "id": 1002, "market": "北金所", "hypCode": "shzfz01","enterDate": "2018-05-16", "operator": "admin" }
];
```

利用 map 数据结构筛选之后的结果

```
result=[{ newmarket: "上交所", newoperator: "admin" }, { newmarket: "北金所", newoperator: "admin" }]
```

2. timeout 方法返回一个 Promise 实例，表示一段时间之后才会发生的结果。过了指定的时间（ms 参数）之后，Promise 实例的状态变为 resolved，就会触发 then 方法绑定的回调函数，在控制台打印“done”。

为了方便读者验证答案，提升专业技能，请扫描二维码获取本章作业答案。

第 3 章

大觅项目的路由配置

本章任务

任务 1：什么是前端路由

任务 2：Vue Router 基本使用

任务 3：页面间导航

技能目标

❖ 掌握用 Vue Router 搭建大觅项目路由

❖ 掌握用编程式路由进行页面间导航

本章知识梳理

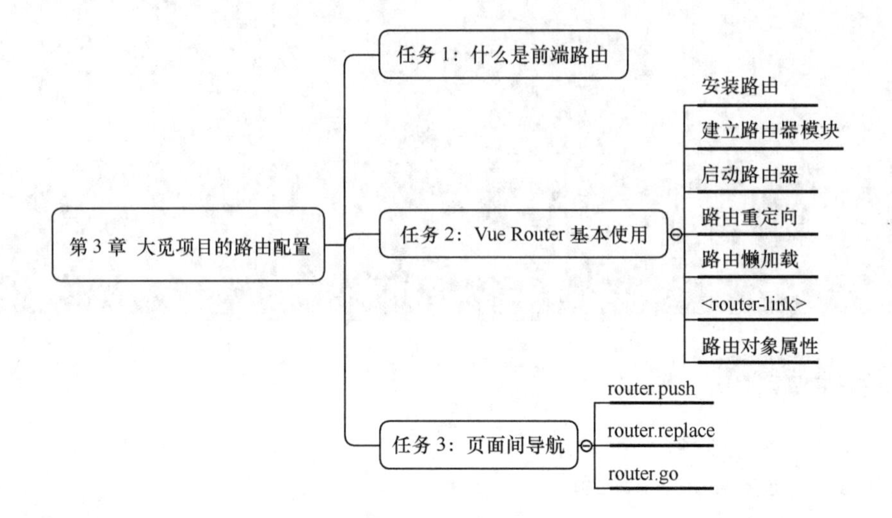

本章简介

Vue.js 很适合实现大型单页面应用，其本身并没有提供路由机制，但是官方以插件（Vue Router）的形式提供了对路由的支持。Vue Router 3.0.1 支持嵌套路由、组件惰性载入、视图切换动画、具名路径等特性。本章讲解的内容都基于 Vue Router 3.0.1 版本，以后就不再加版本号了。

预习作业

简答题

（1）简述前端路由的实现原理。

（2）简述路由重定向。

（3）简述<router-link>的使用方法。

（4）简述页面间导航的实现方法。

任务 1 什么是前端路由

3.1.1 什么是路由

假设有一台提供 Web 服务的服务器的网址是 10.0.0.1，该 Web 服务又提供了 3 个可供用户访问的页面，其页面 URI 分别是：

http://10.0.0.1/

http://10.0.0.1/about

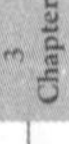

http://10.0.0.1/concat

路径分别是/、/about、/concat。

当用户使用 http://10.0.0.1/about 来访问页面时，Web 服务会接收到请求，然后解析 URL 中的路径/about。在 Web 服务的程序中，该路径对应着相应的处理逻辑，程序会把请求交给路径对应的处理逻辑，这样就完成了一次“路由分发”，这个分发就是通过路由来完成的。

之前的开发中路由都由后台来完成，即通过用户请求的 url 导航到具体的 html 页面。前端路由则是通过配置 JS 文件，将这个工作拿到前端来完成。简单地说，路由就是根据不同的 url 地址展示不同的内容或页面。

3.1.2　前端路由

前端路由和后端路由在技术实现上不一样，但原理是一样的。在 HTML5 的 history API 出现之前，前端路由都通过 hash 来实现，hash 能够兼容低版本的浏览器。如果把上一节的 URI 例子用 hash 来实现的话，它的 URI 规则中需要带上“#”。

http://10.0.0.1/

http://10.0.0.1/#/about

http://10.0.0.1/#/concat

Web 服务并不会解析 hash，也就是说，Web 服务会自动忽略“#”后面的内容，但是 JavaScript 可以通过 window.location.hash“读取”到，其读取到路径之后再加以解析就可以响应不同路径的逻辑处理。

提示

history 是 HTML5 新增的 API，可以用来操作浏览器的 session history。

3.1.3　前端路由的使用场景

前端路由更多使用在单页面应用（SPA）上，因为单页面应用基本上都是前后端分离的，后端自然不会给前端提供路由。

来看一下前端路由的优缺点。

优点：

- 从性能和用户体验的层面来看，后端路由每次访问一个新页面都要向服务器发送请求，然后服务器再响应请求，这个过程肯定会有延迟。而前端路由在访问一个新页面时仅仅是变换了一下路径，没有网络延迟，对于用户体验会有相当大的提升。
- 在某些场合中，用 AJAX 请求，可以让页面无刷新，页面变了，但 URL 没变，用户就不能复制到想要的地址。而前端路由支持单页面应用，就很好地解决了这个问题。

缺点：

➢ 使用浏览器的前进、后退按钮的时候会重新发送请求，没有合理地利用缓存。

任务 2 Vue Router 基本使用

Vue.js 官方提供了一套专用的路由工具库 Vue Router，其使用和配置都非常简单，而且代码清晰易懂，很容易上手。

提示

将单页面应用分割为功能合理的组件或者页面，路由起到一个非常重要的作用，它是连接单页面应用中各页面的链条。除了在本章中会重点通过大觅项目对路由用法进行介绍外，其他有关路由的细小运用方法也会分散在各个章节之中，既然它是“链条”，那么它的身影将会伴随整个项目。

3.2.1 安装路由

项目使用支持 CommonJS 规范的模块化打包器 Webpack 来构建时，可以使用 NPM 包的方式来安装路由。

```
cnpm install vue-router --save
```

因为 Vue Router 是 Vue 的一个插件，需要在 Vue 的全局应用中通过 Vue.use()将它纳入到 Vue 实例中。在项目中，main.js 是程序入口文件，所有的全局性配置都在这个文件中进行。

经验

在通过 Vue-cli 脚手架快速搭建项目时，命令行交互会询问是否需要路由功能。因为绝大部分应用都需要路由功能，所以在搭建项目时基本上都已经具备了路由功能，不需要再去额外安装配置路由。

通过 Vue-cli 脚手架搭建的项目，在 src 文件夹下会有 router 文件夹，内部有 index.js 文件，打开 index.js 文件会看到以下引用。

```
import Vue from 'vue'
import Router from 'vue-router'
Vue.use(Router)
```

在入口文件 main.js 中导入 router 中的 index.js 文件，即可使用路由配置的信息。

```
import router from './router'
```

3.2.2 建立路由器模块

先建立一个路由器模块，主要用来配置和绑定相关信息。在 router 文件夹下的 index.js 文件中使用 new Router 命令创建一个路由，一个路由是一个对象，一条路由的实现需要三部分：name、path 和 component。name 是命名，path 是路径，component 是组件，具体如示例 1 所示。

示例 1

```
import Vue from 'vue'
import Router from 'vue-router'
import HelloWorld from '@/components/HelloWorld'
 // 把对应的组件或页面引入进来
import Login    from '@/pages/login'
Vue.use(Router)
export default new Router({
  routes: [
    {
      path: '/', // 这里默认是跳转到 HelloWorld 组件，后期会改为项目首页
      name: 'HelloWorld',
      component: HelloWorld
    },
    {
     path: '/login',        // 登录页路径
     name: 'Login',
     component: Login
    }         // 后续如果还有页面要跳转，就按照这样的格式继续书写
  ]
})
```

经验

导入 HelloWorld 组件的时候，实际上导入的是 components/HelloWorld.vue。因为在 Webpack 中配置了，所以可以省略 vue 后缀。*.vue 文件是 Vue 的单文件组件格式，可以同时包括模板定义、样式定义和组件模块定义。后续章节会介绍。

3.2.3 启动路由器

在 main.js 入口文件中启用该路由器。main.js 作为入口文件，使用 import 可以把所有要用到的包都导入到这里，然后在 Vue 项目中去运用它们。创建和挂载根实例，通过 router 配置参数注入路由，从而让整个应用都有路由功能，具体如示例 2 所示。

示例 2

```
import Vue from 'vue'
import App from './App'
```

```
import router from './router'
//将 router 加入
new Vue({
   el: '#app',
   router,
   template: '<App/>',
   components: { App }
})
```

经过示例 2 的配置之后，路由匹配到的组件将会渲染到 App.vue 的<router-view></router-view>，App.vue 里应该这样写，如示例 3 所示。

示例 3

```
<template>
    <div id="app">
        <router-view></router-view>
    </div>
</template>
```

最后 App.vue 会渲染到 index.html，代码如示例 4 所示。

示例 4

```
<body>
<div id="app"></div>
</body>
```

这样就会把渲染出来的页面挂载到 id 为 app 的 div 里了。

经验

读者要理清楚组件渲染的过程，是如何一步一步显示出来的，这个过程很重要，理清这个过程对以后的项目开发很有帮助。

3.2.4 路由重定向

项目应用通常都会有一个首页，默认首先打开的是首页，要跳转到哪个页面都可以设置路由路径发生跳转。有些时候也需要路由器定义全局的重定向规则，全局的重定向会在匹配当前路径之前执行。重定向也是通过 routes 配置来完成的，具体如示例 5 所示。示例 5 中展示的是从“/a”重定向到“/b”。

示例 5

```
const router = new VueRouter({
   routes: [
      { path: '/a', redirect: '/b' }
   ]
})
```

重定向的目标也可以是一个命名的路由，具体如示例 6 所示。

示例 6

```
const router = new VueRouter({
  routes: [
    { path: '/a', redirect: { name: 'foo' }}
  ]
})
```

重定向的目标甚至可以是一个方法，动态返回重定向目标，具体如示例 7 所示。

示例 7

```
const router = new VueRouter({
  routes: [
    { path: '/a', redirect: to => {
      // 方法接收“目标路由”作为参数
      // return 重定向的“字符串路径/路径对象”
    }}
  ]
})
```

3.2.5　路由懒加载

在打包构建应用时，JavaScript 包会变得非常大，影响页面加载。如果能把不同路由对应的组件分割成不同的代码块，当路由被访问的时候才加载对应组件，就比较高效了。

结合 Vue 的异步组件和 Webpack 的代码分割功能，可以轻松实现路由组件的懒加载。

提示

异步组件：

在大型应用中，可能需要将应用拆分为多个小的模块，按需从服务器下载。为了进一步简化，Vue.js 允许将组件定义为一个工厂函数，异步地解析组件的定义。Vue.js 只在组件需要渲染时触发工厂函数，并且把结构缓存起来，用于后面的再次渲染。

首先，可以将异步组件定义为返回一个 Promise 的工厂函数（该函数返回的 Promise 应该是 resolve 组件本身）。

```
const Foo = () => Promise.resolve({ /* 组件定义对象 */ })
```

其次，在 Webpack 中，可以使用动态 import 语法来定义代码分块点（split point）。

```
import('./Foo.vue') // 返回 Promise
```

结合这两点，就是定义一个能够被 Webpack 自动进行代码分割的异步组件的过程。

```
const Foo = () => import('./Foo.vue')
```

在路由配置中不需要改变，只需要像往常一样使用 Foo 组件即可。

```
const router = new VueRouter({
  routes: [
    { path: '/foo', component: Foo }
  ]
})
```

通过懒加载不会一次性加载所有组件，而是访问到组件的时候才加载。这样的处理对组件比较多的应用会提高首次加载速度。

示例 8

```
// 引入组件 header
const   Header   = () => import( '@/components/header');
 // 引入页面中的首页
const   Index   = () => import( '@/pages/index');
const   Login   = () => import( '@/pages/login');
```

3.2.6 <router-link>

<router-link>组件支持用户在具有路由功能的应用中单击导航。通过 to 属性可以指定目标地址，默认渲染成带有正确链接的<a>标签，通过配置 tag 属性可以生成别的标签。另外，当目标路由成功激活时，链接元素会自动设置一个表示激活的 CSS 类名。下面来看一下<router-link>语法。

语法

```
<!-- 使用 v-bind 的 JS 表达式 -->
<router-link v-bind:to="'home'">Home</router-link>

<!-- 渲染结果 -->
<a href="home">Home</a>

<!-- 不写 v-bind 也可以，就像绑定其他属性一样 -->
<router-link :to="'home'">Home</router-link>

<!-- 同上 -->
<router-link :to="{ path: 'home' }">Home</router-link>

<!-- 命名的路由 -->
<router-link :to="{ name: 'user', params: { userId: 123 }}">User</router-link>

<!-- 带查询参数，下面的结果为 /register?plan=private -->
<router-link :to="{ path: 'register', query: { plan: 'private' }}">Register</router-link>
```

分析一下为什么使用<router-link>而不是直接使用<a href="...">呢？使用<router-link>有哪些优势呢？

- 无论是 HTML5 history 模式还是 hash 模式，它们的表现行为一致，所以当切换路由模式或者在 IE9 降级使用 hash 模式时，无须作任何变动。
- 在 HTML5 history 模式下，<router-link>会守卫单击事件，让浏览器不再重新加载页面。
- 在 HTML5 history 模式下使用 base 选项之后，所有的 to 属性都不需要写基路径。

具体通过示例 9 进行分析。单击 ad-card 模块以后，会跳转到 ticketDesc 路径下，并

且把参数 id 的值传过去。其中，to 的类型: string | Location。单击后，内部会立刻把 to 的值传到 router.push()，这个值可以是一个字符串或者是描述目标位置的对象。required 表示目标路由的链接。

示例 9

```
<div class="ad-card"><!-- 本示例只展示<router-link>的使用 -->
    <router-link :to="{ path: '/ticketDesc', query: { id: headCard.id }}">
    <img :src="headCard.imgUrl" alt=""><!-- 动态绑定图片地址 -->
        <div class="ad-hide">
            <h3>{{headCard.itemName}}</h3>
            <p>{{headCard.minPrice}}元</p>
        </div>
    </router-link>
</div>
```

3.2.7　路由对象属性

下面列出了常用的路由信息对象。

➢ $route.path

字符串，对应当前路由的路径，总是解析为绝对路径，如“/foo/bar”。

➢ $route.params

一个 key/value 对象，包含了动态片段和全匹配片段，如果没有路由参数，就为空对象。

➢ $route.query

一个 key/value 对象，表示 URL 查询参数。例如：对于路径/foo?user=1，则有 $route.query.user == 1；如果没有查询参数，则为空对象。

➢ $route.hash

当前路由的 hash 值（不带#），如果没有 hash 值，则为空字符串。

➢ $route.fullPath

完成解析后的 URL，包含查询参数和 hash 的完整路径。

➢ $route.matched

一个数组，包含当前路由的所有嵌套路径片段的路由记录。路由记录就是 routes 配置数组中的对象副本（还有一些在 children 数组）。

任务 3　页面间导航

首先来设想一个场景，页面间跳转的时候通常是单击了某个按钮，这样的场景下就不可能只使用<a>来导航，还需要借助 router 的实例方法，通过编写代码来解决问题。

3.3.1 router.push

语法

router.push(location)

要导航到不同的 URL，则使用 router.push 方法。该方法会向 history 栈添加一个新的记录，当用户单击浏览器的后退按钮时，回到之前的 URL。

说明

当单击<router-link>时，会在内部调用 router.push(...)方法，所以说单击<router-link :to="...">等同于调用 router.push(...)。

该方法的参数可以是一个字符串路径，也可以是一个描述地址的对象。例如：

```
router.push('home')  // 字符串
router.push({ path: 'home' })  // 对象
// 命名的路由
router.push({ name: 'user', params: { userId: 123 }})    // -> /user/123
// 带查询参数，变成 /register?plan=private
router.push({ path: 'register', query: { plan: 'private' }})
```

由一个页面跳转到另一个页面时，需要携带一些数据，这时就需要用到这种带参数的路由跳转方式了。

3.3.2 router.replace

语法

router.replace(location)

router.replace 跟 router.push 很像，唯一的不同是它不会向 history 栈添加新记录，而是跟它的方法名一样只替换掉当前的 history 记录。

router.replace(...)等价于<router-link :to="..." replace>。

3.3.3 router.go

语法

router.go(n)

router.go 方法的参数是一个整数，表法在 history 记录中向前进多少步或向后退多少步，类似于 window.history.go(n)。

具体看一下使用方法，例如：

```
// 在浏览器记录中前进一步，等同于 history.forward()
router.go(1)
// 后退一步，等同于 history.back()
router.go(-1)
// 前进三步
```

```
router.go(3)
// 如果 history 记录不够，就会失败
router.go(-100)
router.go(100)
```

示例 10

通过本章对路由的介绍，接下来看一下大觅项目的路由配置，请扫描二维码查看。

本章作业

1. 路由综合练习。默认显示首页，当单击导航中的导航项时，会导航到相应的页面，如图 3.1 至图 3.4 所示。

图3.1　路由综合练习之首页

图3.2　路由综合练习之关于我们

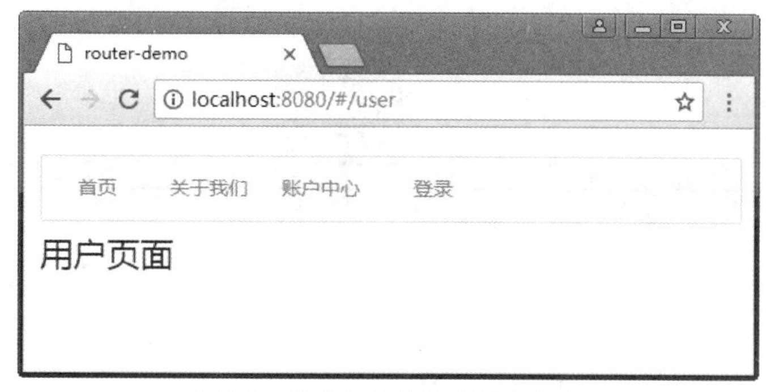

图3.3　路由综合练习之账户中心

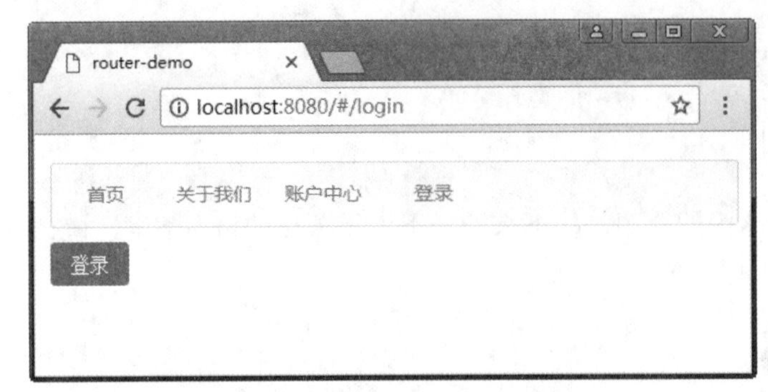

图3.4 路由综合练习之登录

2．页面间导航练习，在作业 1 的基础上，添加按钮来控制页面间的导航，效果如图 3.5 所示，具体需求如下。

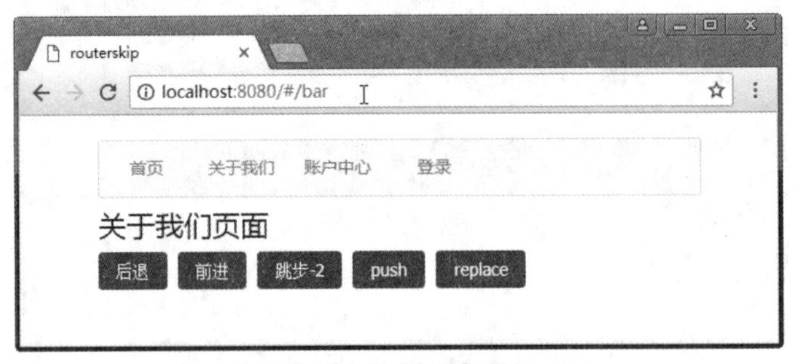

图3.5 页面间导航

- 单击“后退”按钮可以后退一步记录，跳转到上一个页面。
- 单击“前进”按钮可以在浏览器记录中前进一步。
- 单击“跳步-2”按钮可以后退两步记录，跳转到上上个页面。
- 单击 push 按钮可以跳转到“关于我们”组件。
- 单击 replace 按钮可以使用“关于我们”组件替换当前组件。

注意

为了方便读者验证答案，提升专业技能，请扫描二维码获取本章作业答案。

第 4 章

初识 Vue.js

本章任务

任务 1：Vue.js 是什么
任务 2：Vue 实例与数据绑定
任务 3：class 与 style 绑定

技能目标

❖ 了解 Vue.js 的开发模式
❖ 掌握 Vue 生命周期函数
❖ 掌握插值表达式
❖ 掌握 Class 与 Style 绑定

本章知识梳理

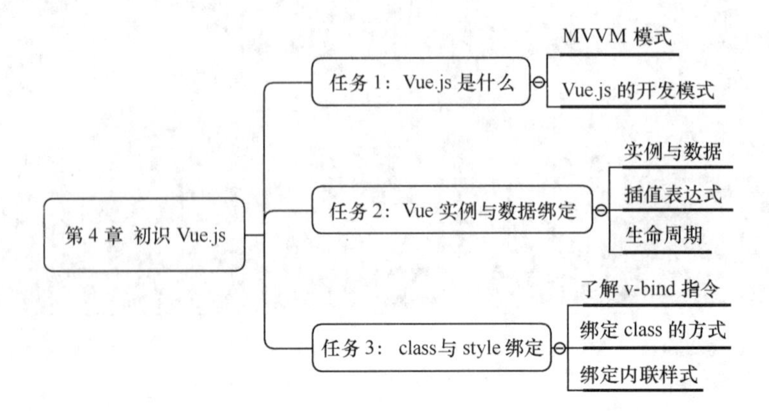

本章简介

本章主要介绍与 Vue.js 有关的一些概念与技术，包括 Vue.js 的开发模式、Vue 实例与数据的绑定，以及 Class 与 Style 的绑定等，让读者了解 Vue.js 背后的工作原理。通过本章的学习，读者能够了解 Vue.js 的基础使用，为后续章节的学习打下基础。

预习作业

简答题

（1）简述 MVVM 框架的工作原理。

（2）简述 Vue 实例的生命周期有哪些。

（3）简述生命周期函数的使用场景。

（4）简述 Class 与 Style 绑定的实现方法。

任务 1 Vue.js 是什么

Vue.js 的官方文档中是这样介绍的：简单小巧的核心，渐进式的技术栈，足以应付任何规模的应用。

简单小巧指的是 Vue.js 压缩后仅有 17KB。渐进式（progressive）是指可以一步一步、阶段性地来使用 Vue.js，不必一开始就使用所有的技能点。随着内容的深入介绍，读者也会逐渐感觉到渐进式的优点，这也是开发者热爱 Vue.js 的重要原因之一。

使用 Vue.js 可以让 Web 开发变得简单，同时也颠覆了传统的前端开发模式。Vue.js 提供了现代 Web 开发中常见的高级功能：

- 解耦视图与数据
- 可复用的组件

- 前端路由
- 状态管理
- 虚拟 DOM（Virtual DOM）

4.1.1 MVVM 模式

与知名的前端框架 Angular.js 等一样，Vue.js 在设计上也是使用的 MVVM（Model-View-ViewModel）模式。

- Model：负责数据存储。
- View：负责页面展示。
- ViewModel：负责业务逻辑处理（比如 AJAX 请求等），对数据进行加工后交给视图展示。

MVVM 模式是将 View 的状态和行为抽象化，并将视图 UI 和业务逻辑分开。当然这些工作由 ViewModel 完成，它可以取出 Model 的数据，同时处理 View 中由于需要展示内容而涉及的业务逻辑。MVVM 模式的结构如图 4.1 所示。

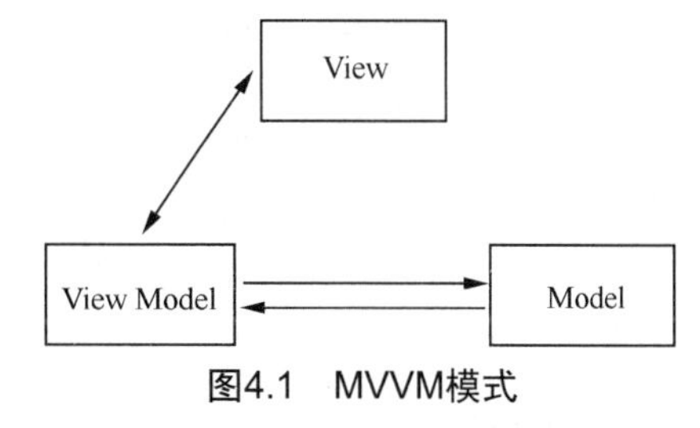

图4.1 MVVM模式

为什么要使用 MVVM 模式开发呢？

- 低耦合。视图（View）可以独立于 Model 变化和修改，一个 ViewModel 可以绑定到不同的 View 上，当 View 变化的时候 Model 可以不变，当 Model 变化的时候 View 也可以不变。
- 可重用性。可以把一些视图逻辑放在一个 ViewModel 里面，让多个 View 重用这些视图逻辑。
- 独立开发。开发人员可以专注于业务逻辑和数据的开发（ViewModel），设计人员可以专注于页面设计。

提示

MVVM 模式要解决的问题是将业务逻辑代码与视图代码完全分离，使它们各自的职责更加清晰，后期代码维护工作更加简单。

4.1.2 Vue.js 的开发模式

Vue.js 是一个渐进式的 JavaScript 框架，根据项目需求，可以选择从不同的维度来使用它。因为大觅项目的业务逻辑比较复杂，对前端工程师有一定的要求，需要使用 Vue 单文件组件的形式配合 Webpack 来完成，在配置完路由的大觅项目首页的组件中写入下面的代码来快速体验 Vue。

示例 1

```
<template>
    <div class="page">
        <ul>
            <li v-for="book in books">{{ book.name }}</li>
        </ul>
    </div>
</template>

<script>
export default {
  data() {
    return {
      books: [
        { name: "《JavaScript 高級程序设计》" },
        { name: "《JavaScript 语言精粹》" },
        { name: "《JavaScript 经典实例》" }
        ]
    };
  }
};
</script>

<style scoped>
</style>
```

在浏览器中访问，会循环显示图书列表，如图 4.2 所示。

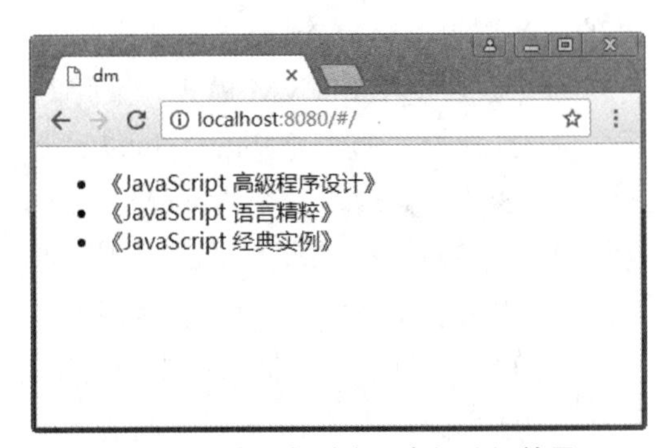

图4.2　示例1在浏览器中的访问效果

4.1.3　单文件组件

Vue.js 自定义了一种.vue 文件，可以把 HTML、CSS、JS 代码写到一个文件中，从而实现对一个组件的封装，一个.vue 文件就是一个单独的组件。由于.vue 文件是自定义的，浏览器不能识别，因此在 Webpack 构建中，需要安装 vue-loader 对.vue 文件进行解析。在 Visual Studio Code 编辑器中，书写.vue 文件前也需要安装对应的插件（如 Vetur）来增加对文件的支持。

使用 Vue-cli 新建一个大觅项目，项目首页代码如示例 1 所示。其中，template 标签中都是 HTML 代码，定义了在页面中显示的内容，也可以说定义了一个模板。script 标签中都是 JS 代码，定义了组件中需要的数据和操作。style 标签中是 CSS 样式，定义了组件的样式，属性 scoped 表明这里写的 CSS 样式只适用于该组件，限定样式的作用域。

在代码中，export default 后面的对象是定义组件所需要的数据（data）以及操作数据的方法等，更加完整的 export default 对象还包括 methods、data、computed 等。不难发现，在.vue 组件中，data 必须是一个函数，它返回一个对象，这个对象数据供组件实现。后续章节会介绍这些内容，本节只需要了解单文件组件组成和使用即可。

单文件组件在工程化的项目开发中使用最为频繁，一定要理清楚单文件组件的使用。

任务 2　Vue 实例与数据绑定

4.2.1　实例与数据

Vue 实例是 Vue 框架的入口，也是前端的 ViewModel，它包含了页面中的业务逻辑处理、数据模型等，当然也有自身的一系列选项。

在 main.js 中，可以看到如示例 2 所示的代码。

示例 2

```
new Vue({
  el: '#app',
  router,
  components: { App },
  template: '<App/>'
})
```

当创建一个 Vue 实例时，需要传入一个选项对象。下面介绍一下选项对象中的配置项。

- el：提供一个在页面上已存在的 DOM 元素作为 Vue 实例的挂载目标。可以是 CSS 选择器，也可以是一个 HTMLElement 实例。示例 2 中是把示例挂载到 id 为 app 的元素中。
- router：这里是省略写法，正常应该是 router: router，因为属性名和属性值一样，所以省略为 router，代表传入路由的实例对象，把配置的路由功能运用到整个项目中。
- components：包含 Vue 实例可用组件的哈希表。
- template：一个字符串模板，作为 Vue 实例的标识使用。模板将会替换挂载的元素，挂载元素的内容都将被忽略，除非模板的内容有分发插槽。

关于 Vue 实例介绍完之后，接下来看一下数据（data）的内容。在单文件组件中，data 必须是一个函数，它返回一个对象，这个返回的对象的数据供组件实现。

使用 Vue-cli 新建一个项目，打开项目模板自带的单文件组件 HelloWorld.vue，如示例 3 所示，这里主要展示核心代码。

示例 3

```
<template>
    <div class="hello">
```

```
            <h1>{{ msg }}</h1>
        </div>
</template>

<script>
        export default {
            name: 'HelloWorld',
            data () {
                return {
                    msg: 'Welcome to Your Vue.js App'
                }
            }
        }
</script>
<style scoped>
</style>
```

使用命令提示符窗口切换到项目目录下，运行“npm run dev”命令，启动项目，浏览器运行效果如图 4.3 所示。

图4.3　数据展示

可以发现返回的对象的数据 msg，通过 HTML 部分的 h1 标签中的{{ msg }}获得了 msg 变量的值并进行了显示。那么这里的双层大括号嵌套为什么可以取得变量的值呢，官方称这种双层大括号嵌套为插值表达式。

4.2.2　插值表达式

语法

{{... }}

插值表达式可以理解为使用双大括号来包裹 JS 代码，作用是将双大括号中的数据替换成对应属性值进行展示。

双大括号语法也叫模板语法（Mustache 语法）。Mustache 是一款经典的前端模板引擎，在前后端分离的技术架构下面，前端模板引擎是一种可以被考虑的技术选型。随着前端框架（AngularJS、ReactJS、Vue）的流行，前端的模板技术已经成为某种形式上的标配，Mustache 的价值在于其稳定和经典。

经验

关于更多的 Mustache 方面的技能，请参考 Mustache 主页。

下面来看插值表达式中可以写入哪些内容。

- JSON 数据
- 数字
- 字符串
- 插值表达式

在示例 3 的基础上，演示一下插值表达式中其他插入内容的具体使用情况，如示例 4 代码所示。

示例 4

```
<template>
    <div class="hello">
        <!-- json  数据(变量) -->
        <h1>{{ msg }}</h1>
        <!--  数字  -->
        <p>{{ 10 }}</p>
        <!--  字符串  -->
        <h1>{{ "string" }}</h1>
        <!--  表达式  -->
        <h1>{{ 1+1 }}</h1>
        <h1>{{ 'hello'+name}}</h1>
        <h1>{{ 2>3?'true':'false' }}</h1>

    </div>
</template>

<script>
export default {
  name: 'HelloWorld',
  data () {
    return {
      msg: 'Welcome to Your Vue.js App',
      name:'张三'
    }
  }
}
</script>
<style scoped>
</style>
```

在浏览器中运行，显示效果如图 4.4 所示。

图4.4　插值表达式

在插值表达式中需要注意区分变量和字符串，使用引号包裹的为字符串，没有使用引号包裹的，都会被系统解析成变量名或方法名。

在示例 4 中，使用到了三目运算符（也称三元运算符，即问号冒号表达式，能够代替 if else 使用），说明可在插值表达式中写入 JS 代码。但是不推荐在这里写复杂的代码，原因是 MVVM 的设计就是为了使页面和数据进行很好的分离，如果在表达式中写入过多的逻辑代码，那么就违背了最初的设计思想，也会使代码看起来很复杂，难以维护。

提示

Vue 框架自带模板引擎，因此在使用 Vue 框架的过程中不需要再去搭配其他模板引擎，这个自带的模板引擎就是指插值表达式。

4.2.3　生命周期

首先认识一下实例的生命周期。所谓“生命周期”，是指实例对象从构造函数开始执行（被创建）到被 GC（Garbage Collection，垃圾回收）回收销毁的整个存在时期，在生命周期中被自动调用的函数叫作生命周期函数，也被形象地称为生命周期钩子函数。

提示

生命周期的概念可以类比人的成长，人从出生到死亡，要经历很多时期，如童年、少年、青年、中年、老年等，同理 Vue 实例也有类似的周期。

设定生命周期钩子函数的用途是什么呢？在实例对象从创建到被回收的整个过程中，不同的时期会有不同的钩子函数，可以利用不同时期的钩子函数去完成不同的操作。

例如需要在某个时期去获取后台数据、在某个时期去更新数据等。利用生命周期钩子函数可以精准定位到某个时期去完成一些特定的事情。

生命周期函数分类可以参考官方网站的生命周期图示，这个图示比较清晰地展示了 Vue 实例的整个生命周期的情况。

表 4-1 列出了一些生命周期钩子函数。

表 4-1　生命周期函数

生命周期函数	含义
beforeCreate（创建前）	组件实例刚被创建，组件属性计算之前，比如 data 属性等
created（创建后）	组件实例刚创建完成，属性已经绑定，此时 DOM 还未生成，$le 属性还不存在
beforeMount(载入前)	模板编译、挂载之前
mounted（载入后）	模板编译、挂载之后
beforeUpdate（更新前）	组件更新之前
updated（更新后）	组件更新之后
beforeDestroy（销毁前）	组件销毁前调用
destroyed（销毁后）	组件销毁后调用

通过生命周期函数表，对于生命周期函数有了一定的了解，再结合实际的企业开发经验，来介绍几个常用的生命周期函数，以及在这些函数中可以完成的事情。

- beforeCreate 生命周期函数在组件实例刚被创建的时候增加一些 loading 事件。
- created 生命周期函数可以结束 loading 事件，完成一些初始化，实现函数自执行等。
- mounted 是比较重要的生命周期函数，可以发起后端请求，取回数据，接收页面之间传递的参数、由子组件向父组件传递参数等。

下面通过代码来看一下生命周期函数的使用，如示例 5 所示。

示例 5

```
<template>
    <div class="hello">
        <h1>{{ msg }}</h1>
    </div>
</template>

<script>
export default {
  name: "HelloWorld",
  data() {
    return {
      msg: "Welcome to Your Vue.js App",
      name: "张三"
    };
  },
```

```
    beforeMount: function() {
      console.group("---beforeMount 挂载前状态---");
      console.log("el: " + this.$el); //已被初始化
      console.log("data: " + this.$data); //已被初始化
      console.log("msg: " + this.msg); //已被初始化
      // 到这个时期,data 和 el 都已经初始化
    },
    mounted: function() {
      console.group("---mounted 挂载后状态---");
      console.log("el: " + this.$el); //已被赋值
      console.log("data: " + this.$data); //已被初始化
      console.log("msg: " + this.msg); //已被初始化
    }
  };
  </script>
    <style scoped>
  </style>
```

在浏览器中运行，显示效果如图 4.5 所示。

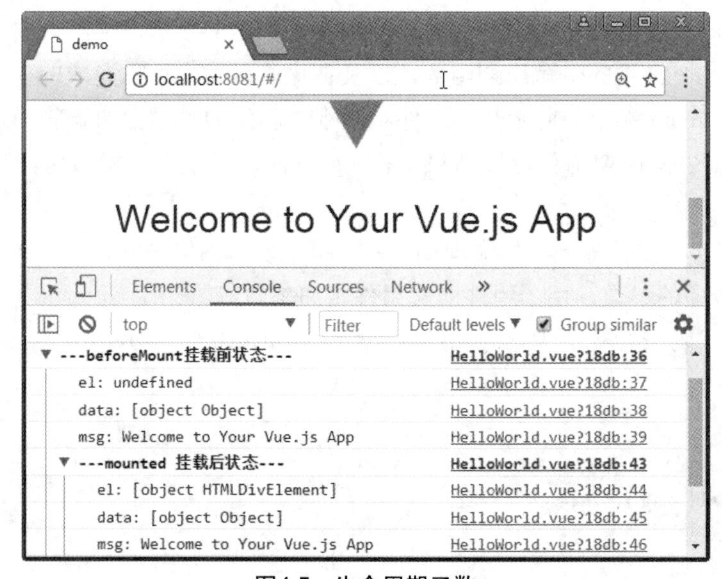

图4.5　生命周期函数

通过示例 5 了解了生命周期函数的使用方法，后续章节的内容会结合生命周期函数进行介绍。

如果想了解其他生命周期函数，可以按照示例 5 的方法，打印参数项来了解该生命周期函数的具体情况。

任务 3　class 与 style 绑定

DOM 元素经常会动态绑定一些 class 类名或者 style 样式，本节介绍使用 v-bind 指令绑定 class 和 style 的多种方法。

4.3.1　了解 v-bind 指令

指令（Directive）是特殊的带有“v-”前缀的命令，其作用是当表达式的值改变时，将某些行为应用到 DOM 上。举一个简单的例子，单击某一个按钮，会显示 div，再次单击 div 隐藏，这里就可以通过设置属性的真假，将指令作用到 div 上来控制显示或隐藏。

为什么要使用指令呢？最重要的原因是使用指令可以简化操作，可以更加方便地完成一些业务代码。例如之前传统开发中的条件判断，一定要写到 JavaScript 中才能完成，但是现在使用指令就可以完成。

Vue.js 指令的书写位置可以是在任意 HTML 元素的开始标签内，可以写入多个指令，多个指令间使用空格分隔。例如给 a 标签添加两个指令，分别为 v-bind 指令和 v-on 指令。

```
<a href="#"v-bind:class="{active:timeflag}"v-on:click="queryAll('time')">全部</a>
```

说明

后续章节会专门针对 Vue 指令进行介绍，这里只介绍 v-bind 指令，因为 v-bind 指令常常和 class 与 style 的绑定一起使用。

v-bind 指令的主要用法是动态更新 HTML 元素上的属性。

通过代码看一下 v-bind 指令的使用，在 components 文件夹下新建 Directive.vue 组件，写入如示例 6 所示代码，并在路由 index.js 中进行配置。

示例 6

```
<template>
    <div class="page">
        <a v-bind:href="url">链接</a>
        <!-- v-bind 可以省略，缩写为 -->
        <br>
        <a :href="url">链接</a>
    </div>
</template>

<script>
  export default {
    data() {
      return {
```

```
            url:'https://github.com'
        }
    },
}
</script>

<style scoped>
</style>
```

在浏览器中运行，显示效果如图 4.6 所示。

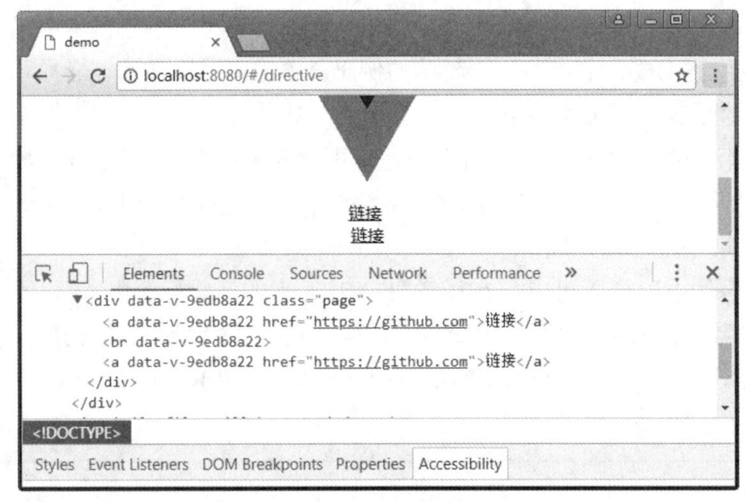

图4.6　v-bind指令

链接的 href 属性被动态地设置了，当数据变化的时候，就会重新渲染。

在动态的数据绑定中，最常见的两个需求是元素的样式名称 class 和内联样式 style 的动态绑定，它们也是 HTML 的属性，因此可以使用 v-bind 指令。

4.3.2　绑定 class 的方式

1. 对象语法

给 v-bind:class 设置一个对象，可以动态地切换 class，在 Directive.vue 组件中完成如示例 7 所示代码。

示例 7

```
<template>
    <div class="page">
        <a v-bind:href="url">链接</a>
        <!-- v-bind 可以省略，缩写为 -->
        <br>
        <a :href="url">链接</a>

    <div :class="{ active: isActive }">对象语法</div>
    </div>
```

```
</template>

<script>
export default {
  data() {
    return {
      url: "https://github.com",
      isActive: true
    };
  }
};
</script>

<style scoped>
.active{
    border: 1px solid #000;
}
</style>
```

在浏览器中运行，显示效果如图 4.7 所示。

图4.7　对象语法

示例 7 中，类名 active 依赖于数据 isActive，当其为 true 时，div 会拥有类名 active 的样式，为 false 时，则没有，所以“对象语法”存在 1px 的黑色边框。

对象中也可以传入多个属性来动态切换 class。特别强调一点，动态绑定的 class 可以与普通的 class 共存，如示例 8 所示。

示例 8

```
<template>
  <div class="page">
    <!-- 省略部分代码 -->
    <div :class="{ active: isActive }">对象语法</div>
    <div class="static" :class="{ active: isActive, danger: hasError }">多个属性的对象语法</div>
  </div>
</template>

<script>
export default {
  data() {
    return {
      url: "https://github.com",
      isActive: true,
      hasError:false
    };
  }
};
```

```
</script>

<style scoped>
.static {
      margin: 5px 0;
      font-size: 20px;
}
.active{
      border: 1px solid #000;
}
.danger {
      background: #ff0;
}
</style>
```

在浏览器中运行，显示效果如图 4.8 所示。

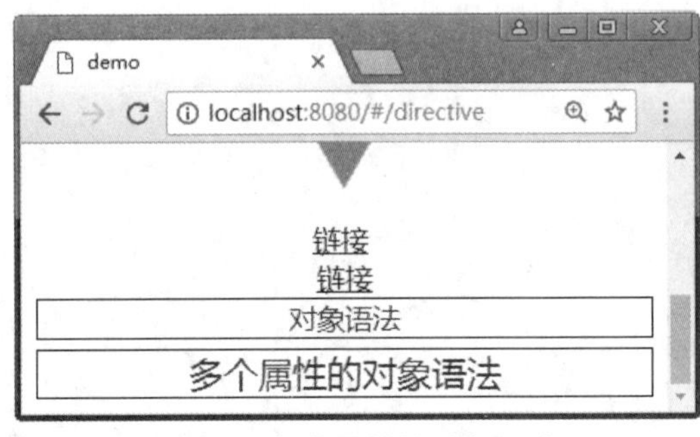

图4.8　多个属性的对象语法

:class 内的表达式某项为真时，对应的类名就会加载，示例 8 渲染后的结果为：

```
<div class="static active">多个属性的对象语法</div>
```

当数据 isActive 或 hasError 变化时，对应的 class 类型也会更新，比如 hasError 为 true 时，渲染后的结果为：

```
<div class="static active danger">多个属性的对象语法</div>
```

当:class 的表达式过长或者逻辑较复杂时，还可以绑定一个计算属性，这是一种很友好和很常见的用法。一般在条件多于两个的情况下，都可以使用 data 或 computed。后续章节会介绍计算属性的用法。

2. **数组语法**

当需要应用多个 class 时，可以使用数组语法，给:class 绑定一个数组，应用一个 class 列表。在示例 8 的基础上继续添加代码，如示例 9 所示。

示例 9

```
<template>
    <div class="page">
        <!-- 省略部分代码 -->
        <!-- 数组语法 -->
        <div v-bind:class="[activeClass, errorClass]">数组语法</div>
    </div>
</template>

<script>
export default {
    data() {
```

```
      return {
        activeClass: "active",
        errorClass: "static"
      };
    }
  };
</script>

<style scoped>
.static {
  margin: 5px 0;
  font-size: 20px;
}
.active {
  border: 1px solid #000;
}
</style>
```

在浏览器中运行，显示效果如图 4.9 所示。

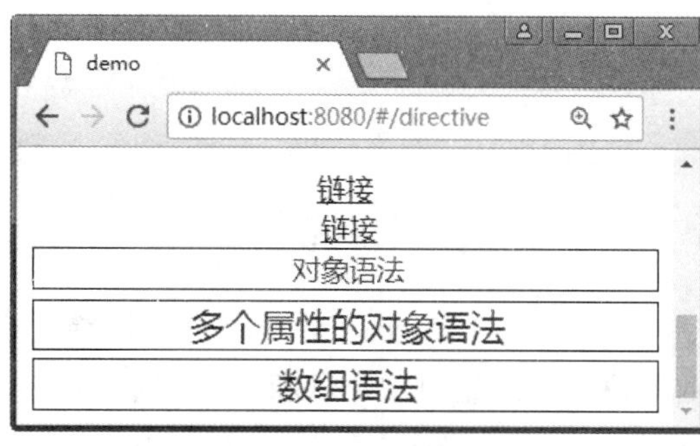

图4.9　数组语法

示例 9 渲染后的结果为：

```
<div class="static active">数组语法</div>
```

另外，也可以使用三元表达式来根据条件切换 class，如示例 10 所示。

示例 10

```
<template>
    <div class="page">
        <!-- 省略部分代码 -->
        <!-- 数组语法 -->
        <div v-bind:class="[activeClass, errorClass]">数组语法</div>
        <div v-bind:class="[isActive?activeClass:'', errorClass]">三元表达式的数组语法</div>
    </div>
</template>

<script>
export default {
  data() {
    return {
      isActive: true,
      activeClass: "active",
      errorClass: "static"
    };
  }
};
</script>
```

```
<style scoped>
.static {
  margin: 5px 0;
  font-size: 20px;
}
.active {
  border: 1px solid #000;
}
</style>
```

在浏览器中运行，显示效果如图 4.10 所示。

图4.10　数组语法中的三目运算符

示例 10 中将始终添加 errorClass，只有在 isActive 是 true 时才添加 activeClass。

4.3.3　绑定内联样式

使用 v-bind:style（即:style）可以给元素绑定内联样式，方法与:class 类似。也存在对象语法和数组语法，看起来很像在元素上直接写 CSS。

在 components 文件夹下新建 BindStyle.vue 组件，写入如示例 11 所示代码，并在路由 index.js 中进行配置。

示例 11

```
<template>
    <div class="page">
        <div :style="{border: activeColor, fontSize: fontSize + 'px'}">绑定内联样式</div>
    </div>
</template>

<script>
export default {
  data() {
    return {
      activeColor: "1px solid #000",
      fontSize: 22
    };
  }
};
</script>

<style scoped>
</style>
```

在浏览器中运行，显示效果如图 4.11 所示。

图4.11　绑定内联样式

CSS 属性命名使用驼峰命名法或短横分割法，示例 11 渲染后的结果为：

```
<div :style="border: 1px solid rgb(0, 0, 0); font-size: 22px;">绑定内联样式</div>
```

大多数情况下，直接写一长串的样式不便于阅读和维护，因此实际的开发中往往是写在 data 或者 computed 计算属性里。下面以 data 的形式来改写示例 11，代码如下所示。

```
<template>
    <div class="page">
        <div :style="styles">绑定内联样式</div>
    </div>
</template>

<script>
export default {
    data() {
        return {
          styles:{
                border: '1px solid #000',
                fontSize: 22 + 'px'
          }
        };
    }
};
</script>

<style scoped>
</style>
```

在使用:style 时，Vue.js 会自动给特殊的 CSS 属性名称增加前缀，比如 transform 属性。

本章作业

1．简述实例生命周期函数的实质以及挂载时期可以完成的典型工作。
2．简述插值表达式的典型用法及注意事项。

注意

为了方便读者验证答案，提升专业技能，请扫描二维码获取本章作业答案。

第 5 章

大觅项目中与服务端通信

本章任务

任务 1：connect-mock-middleware 工具的使用
任务 2：Mock.js 语法
任务 3：snail mock 工具使用
任务 4：Axios 的安装及配置
任务 5：大觅项目的服务端通信配置

技能目标

- ❖ 掌握 connect-mock-middleware 工具
- ❖ 掌握利用 Mock.js 模拟前端页面数据
- ❖ 掌握利用 Axios 获得模拟的 API 接口数据

本章知识梳理

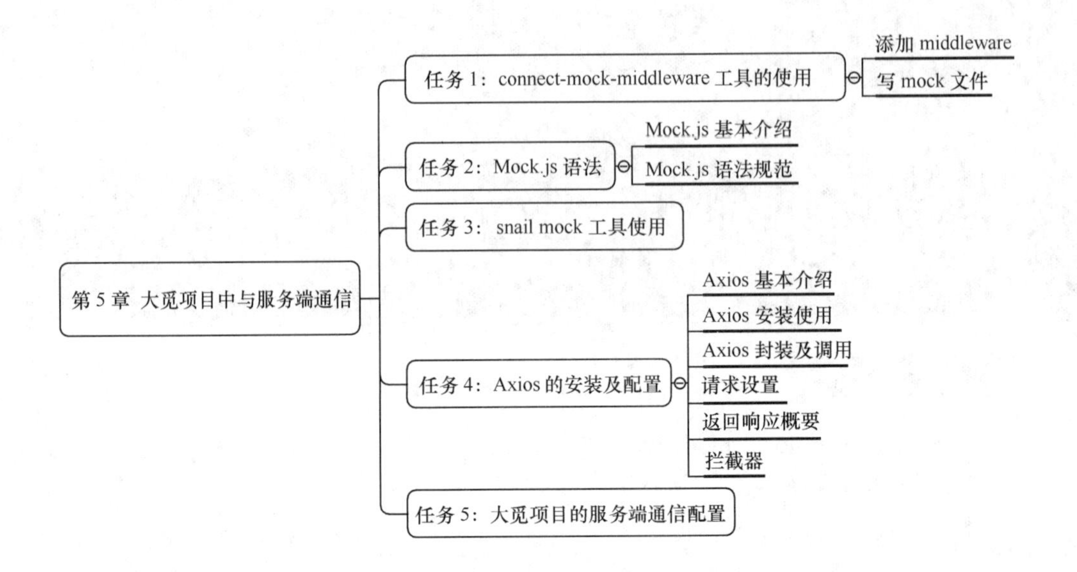

本章简介

本章主要介绍大觅项目与服务端通信的内容。Vue.js 本身并没有提供与服务器通信的接口，但是通过插件的形式实现了基于 AJAX 等技术的服务端通信。随着 Vue.js 作者尤雨溪推荐大家使用 Axios，越来越多的人开始了解并使用 Axios。

由于大觅项目采用的是前后端完全分离的方式，实现了前后端环境的分离开发，这样不仅能提高开发效率，还能减少服务器之间的相互影响，同时能保证数据安全等。但是随之而来的问题也比较明显，前端如何进行快速的开发，才能保证后期与后端交互的时候不受影响？在跟后端调试时，如何不需要修改太多的代码又能实现与后端联调？

前端页面上的数据来源由前端开发人员自行模拟，为了方便模拟前端数据需要介绍 Mock.js 工具，另外前端开发还需要模拟 API 接口，因此会介绍 connect-mock-middleware 的使用，这个工具可以方便地根据前后端人员协商出的 API-Schema（接口定义文档）实现接口模拟。模拟的接口数据如何被调用，需要使用 snail mock，它能够模拟服务器的功能，调用生成接口的 url 服务地址。

预习作业

简答题

（1）简述 connect-mock-middleware 的作用。

（2）简述 Mock.js 的应用场景以及使用规范。

（3）简述 snail mock 的工作原理。

（4）简述 Axios 安装及配置需要注意的问题。

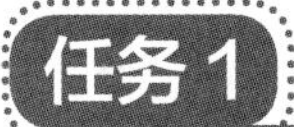 connect-mock-middleware 工具的使用

在引入 Mock.js 工具模拟数据接口之前，必须先介绍一个应用广泛的前端工具——connect-mock-middleware，connect-mock-middleware 是一个非常方便、实用的 mock 模拟工具。它具有哪些特点呢？

- 支持 mockJs 语法
- 支持 json、jsonp
- 修改 mock 数据的时候不需要重新加载

5.1.1　添加 middleware

在 config 的 index 文件中添加如下代码，在本地开启一个地址固定的服务（实际项目中和后端联调时会换成后端实际提供的接口服务地址）。

```
proxyTable: {
    '/api': {
        target: 'http://127.0.0.1:3721',
        changeOrigin: true,
        secure: false
    }
}
```

5.1.2　写 mock 文件

mock 文件支持两种请求：

- get /api/xxx
- post /api/<id>/123

<id>代表链接路由表达式，如/api/:id/123，id 值会发生改变。具体的文件结构如下所示。

```
mock
  └──get
      ├──api_xxx.js
    post
      └──api_@id_xxx.js
```

以大觅项目中的“猜你喜欢接口”api_list_guesslike.js 为例，此接口的命名：api 代表接口，list 代表所属页面，这里是指列表页面，最后的 guesslike 代表接口名称为“猜你喜欢接口”。具体代码如示例 1 所示。

示例 1

```
// 猜你喜欢接口
module.exports = function (param) {
```

```
let paid = parseInt(param.body.itemTypeId) ;
if (paid == 0) {
return {
"success": "string",
"errorCode": "string",
"msg": "",
"data|1-4": [
        {
        "id": '@string("number", 2)',
        "itemName": '@csentence(5)',
        "imgUrl": 'https://pimg.dmcdn.cn/perform/project/1381/138121_n.jpg',
        "areaId": '@string("number", 3)',
        "areaName": '@province',
        "address": '@county(true)',
        "startDate": '@datetime("yyyy-MM-dd")',
        "endDate": '@datetime("yyyy-MM-dd")',
        "minPrice": '@integer(60, 100)'
        }
    ]
}
}else if (paid == 1) {
return {
"success": "string",
"errorCode": "string",
"msg": "",
"data|1-4":
    [
      {
        "id": '@string("number", 2)',
        "itemName": '@csentence(10)',
        "imgUrl": 'https://pimg.dmcdn.cn/perform/project/1381/138121_n.jpg',
        "areaId": '@string("number", 3)',
        "areaName": '@province',
        "address": '@county(true)',
        "startDate": '@datetime("yyyy-MM-dd")',
        "endDate": '@datetime("yyyy-MM-dd")',
        "minPrice": '@integer(60, 100)'
        }
    ]
}
}else {
    return {
        "success": "string",
        "errorCode": "string",
        "msg": "",
```

```
            "data": {
            "currentPage": param,
            "pageCount": 1,
            "pageSize": 10,
            "total": 6
            }
        }
    }
}
```

此接口的模拟要根据项目前期由前后端人员共同协商出的 API-Schema（接口定义文档）实现，先来看一下接口定义文档中的“猜你喜欢接口”定义，如图 5.1 所示。

4. 猜你喜欢接口

本接口用于亲子首页猜你喜欢数据查询

INPUT

字段	字段类型	字段说明
itemTypeId	整型	商品分类主键

OUTPUT

data属性（数组）的数据格式为

字段	字段类型	字段说明
id	整型	分类主键
itemName	字符串	节目名称
areaId	整型	城市
areaName	字符串	城市名称
address	字符串	节目所在地址
startDate	字符串	节目开始日期
endDate	字符串	节目结束日期
imgUrl	字符串	节目宣传图片
minPrice	浮点数	最低价格

异常码说明

异常码	异常码说明
0000	查询成功

图5.1　接口定义文档说明

查看了接口定义文档的介绍，再来看示例 1，就很容易理解模拟的接口了，对其中 Mock 的部分还不甚了解，后面介绍了 Mock 语法之后，读者便能轻松理解接口含义了。

任务 2 Mock.js 语法

5.2.1 Mock.js 基本介绍

从示例 1 的“猜你喜欢接口”中会发现，返回值 data 里面的数据值写法有些奇怪，这种写法就是 Mock.js 的语法。下面来介绍 Mock.js。

Mock.js 是一个模拟数据生成器，可以使前端独立于后端开发。如果正在开发一个前端页面，但是后台还没有完成供前端页面调用的 API，并且数据格式已经确定，这时想要尽可能还原真实的数据，要么编写更多代码，要么手动模拟数据。如果遇到特殊的格式（如 IP、随机数、图片、地址等），前端工作量必然会剧增。为了解决这个问题，可以使用 Mock.js 来模拟，方便地生成各种类型的假数据来查看页面效果。

Mock.js 的功能如下。

- 根据数据模板生成模拟数据。
- 模拟 AJAX 请求，生成并返回模拟数据。
- 基于 HTML 模板生成模拟数据。

5.2.2 Mock.js 语法规范

Mock.js 的语法规范包括两部分：

- 数据模板定义规范（Data Template Definition，DTD）
- 数据占位符定义规范（Data Placeholder Definition，DPD）

1. **数据模板定义规范**

语法

数据模板中的每个属性由 3 部分构成：属性名、生成规则、属性值。

```
// 属性名    name
// 生成规则  rule
// 属性值    value
'name|rule': value
```

注意

- 属性名和生成规则之间用竖线“|”分隔。
- 生成规则是可选的。
- 生成规则有 7 种格式：

```
'name|min-max': value
'name|count': value
'name|min-max.dmin-dmax': value
'name|min-max.dcount': value
```

> 'name|count.dmin-dmax': value
> 'name|count.dcount': value
> 'name|+step': value
> - 生成规则的含义需要依赖属性值的类型才能确定。
> - 属性值中可以含有“@”占位符。
> - 属性值还指定了最终值的初始值和类型。

下面根据属性值的类型和示例来具体查看数据定义操作。

（1）属性值是字符串（String）

- 'name|min-max': string

通过重复 string 生成一个字符串，重复次数大于等于 min，小于等于 max。

- 'name|count': string

通过重复 string 生成一个字符串，重复次数等于 count。

（2）属性值是数字（Number）

- 'name|+1': number

属性值自动加 1，初始值为 number。

- 'name|min-max': number

生成一个大于等于 min、小于等于 max 的整数，属性值 number 只用来确定类型。

- 'name|min-max.dmin-dmax': number

生成一个浮点数，整数部分大于等于 min、小于等于 max，小数部分保留 dmin 到 dmax 位。

示例 2

```
Mock.mock({
    'number1|1-100.1-10': 1,
    'number2|123.1-10': 1,
    'number3|123.3': 1,
    'number4|123.10': 1.123
})
// 模拟之后的数据为
{
"number1": 12.92,
"number2": 123.51,
"number3": 123.777,
"number4": 123.1231091814
}
```

（3）属性值是布尔型(Boolean)

- 'name|1': boolean

随机生成一个布尔值，值为 true 的概率是 1/2，值为 false 的概率同样是 1/2。

- 'name|min-max': value

随机生成一个布尔值，值为 value 的概率是 min / (min + max)，值为!value 的概率是

max / (min + max)。

（4）属性值是对象（Object）

➢ 'name|count': object

从属性值 object 中随机选取 count 个属性。

➢ 'name|min-max': object

从属性值 object 中随机选取 min 到 max 个属性。

（5）属性值是数组（Array）

➢ 'name|1': array

从属性值 array 中随机选取一个元素，作为最终值。

➢ 'name|+1': array

从属性值 array 中顺序选取一个元素，作为最终值。

➢ 'name|min-max': array

通过重复属性值 array 生成一个新数组，重复次数大于等于 min，小于等于 max。

➢ 'name|count': array

通过重复属性值 array 生成一个新数组，重复次数为 count。

（6）属性值是函数（Function）

➢ 'name': function

执行函数 function，取其返回值作为最终的属性值，函数的上下文为属性 name 所在的对象。

（7）属性值是正则表达式（RegExp）

➢ 'name': regexp

根据正则表达式（regexp）反向生成可以匹配它的字符串，用于生成自定义格式字符串。

示例 3

```
Mock.mock({
    'regexp1': /[a-z][A-Z][0-9]/,
    'regexp2': /\w\W\s\S\d\D/,
    'regexp3': /\d{5,10}/
})
    // 模拟之后的数据为
{
"regexp1": "pJ7",
"regexp2": "F)\fp1G",
"regexp3": "561659409"
}
```

2. 数据占位符定义规范

占位符只是在属性值字符串中占个位置，并不出现在最终的属性值中。

语法

```
@占位符
@占位符(参数 [, 参数])
```

注意

使用占位符时，需要注意以下几点：

- 用“@”来标识其后的字符串是占位符。
- 占位符引用的是 Mock.Random 中的方法。
- 通过 Mock.Random.extend()来扩展自定义占位符。
- 占位符也可以引用数据模板中的属性。
- 占位符会优先引用数据模板中的属性。
- 占位符支持相对路径和绝对路径。

示例 4

```
Mock.mock({
    name: {
        first: '@FIRST',
        middle: '@FIRST',
        last: '@LAST',
        full: '@first @middle @last'
    }
})
//模拟之后的数据为
{
"name": {
"first": "Charles",
"middle": "Brenda",
"last": "Lopez",
"full": "Charles Brenda Lopez"
    }
}
```

任务 3　snail mock 工具使用

通过前面任务 1、任务 2 的介绍，读者基本上可以自行实现后端接口的模拟。现在的问题是这些数据如何被调用？snail mock 可以解决这个问题。snail mock 能够模拟服务器的功能，生成接口的 url 服务地址供调用。

要使用 snail mock 这个前端工具首先需要初始化。在命令提示符窗口执行如下命令。

```
cnpm install -g snail-cline
```

执行以上安装命令便可全局安装 snail-cline，要开启 mock 服务还需要在命令提示符窗口中执行如下命令。

```
snail mock
```

执行以上命令可以启动模拟服务，具体如图 5.2 所示。http://127.0.0.1:3721 就是前面在添加 middleware 的时候配置的地址。

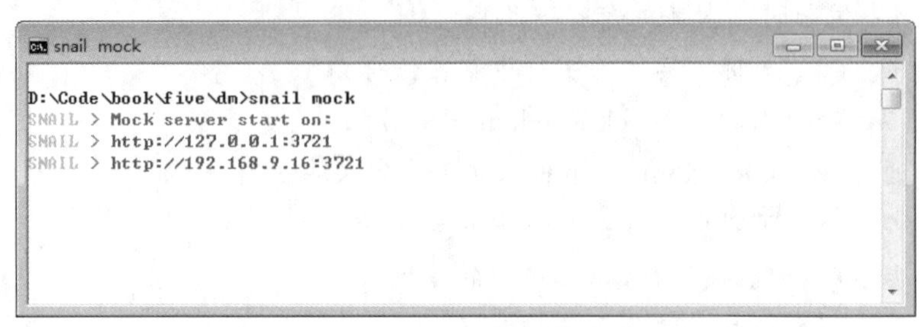

图5.2　snail mock启动

经验

在本地全局安装了 snail-cline，其内部实现依赖很多其他包。打开下载的 snail-cline 的 package.json，在 dependencies 选项中可以看到其是依赖 connect-mock-middleware 的，依赖内部会自动下载管理依赖的包，同理 connect-mock-middleware 中依赖 mock。由上可知，只需在本地全局安装 snail-cline 即可使用 mock 语法。

任务 4　Axios 的安装及配置

5.4.1　Axios 基本介绍

Axios 是一个基于 Promise、用于浏览器和 node.js 的 HTTP 客户端，常用于处理 AJAX 请求，具有如下特征。

- 从浏览器中创建 XMLHttpRequest
- 从 node.js 发出 http 请求
- 支持 Promise API
- 拦截请求和响应
- 转换请求和响应数据
- 取消请求
- 自动转换 JSON 数据
- 客户端可以防止 CSRF/XSRF（两种伪造站点请求的方式。伪造的恶意请求对服务器来说完全合法，都完成了攻击者期望的操作）恶意请求发生

5.4.2　Axios 安装使用

1．安装

首先来看 Axios 的安装，可以通过 NPM 或 CDN 的形式来使用 Axios，因为是在大

觅项目中使用，所以选择 NPM 方式进行安装。在项目目录下打开命令提示符窗口，运行如下安装命令。

```
cnpm install axios --save
```

2. API 方法

为了方便，Axios 提供了对所有请求方法的重命名支持。

- axios.request(config)
- axios.get(url[, config])
- axios.delete(url[, config])
- axios.head(url[, config])
- axios.options(url[, config])
- axios.post(url[, data[, config]])
- axios.put(url[, data[, config]])
- axios.patch(url[, data[, config]])

Axios 提供了 8 种 API 方法，官方并没有明确推荐使用哪种方法，但是结合企业级开发经验，经常使用的是 get 和 post 方法。另外，方法中没有 jsonp 方法，它是关于跨域的解决方法，后面会介绍。

3. GET、POST 请求方式

发起一个 GET 请求，请查看示例 5 代码。

示例 5

```
//发起一个 user 请求，参数为给定的 ID
axios.get('/user?ID=1234')
.then(function(respone){
      console.log(response);
})
.catch(function(error){
      console.log(error);
});
//上面的请求也可选择下面的方式来写
axios.get('/user',{
      params:{
            ID:12345
      }
})
      .then(function(response){
            console.log(response);
      })
      .catch(function(error){
            console.log(error)
      });
```

发起一个 POST 请求，请查看示例 6 代码。

示例 6

```
axios.post('/user',{
    firstName:'friend',
    lastName:'Flintstone'
})
.then(function(response){
    console.log(response);
})
.catch(function(error){
    console.log(error);
});
```

5.4.3 Axios 封装及调用

在实际的开发中，经常将请求方法封装后再调用，便于做通用的配置。下面通过封装 postRequest 方法来请求数据，这里使用 post 方法。对封装的 postRequest 方法的参数 params 格式约定如下。

说明

```
params 格式：
{
    type:"string",   //type 是请求变量的 url 地址常量名称
    data:{object}   //data 是传递到后台的参数信息，主要是 object 对象，传入时进行对象转换
}
```

封装的 postRequest 方法如下所示。

```
export function postRequest (params) {
    return request('post', url[params.type], {...params.data})
}
```

5.4.4 请求设置

以下列出了一些请求时的常用设置选项，只有 url 是必需的，如果没有指明 method 的话，默认的请求方法是 get。

```
{
    // url 是服务器链接，用来指定请求的 url 地址
    url:'/user',

    // method 是发起请求时的请求方法
    method:'get',

    //如果 url 不是绝对地址，那么 baseURL 将会加在其前面
    //当 Axios 使用相对地址时这个设置非常方便
```

```
    //在其实例中的方法
    baseURL:'http://some-domain.com/api/',

    // transformRequest 允许请求的数据在传到服务器之前进行转化，只适用于 put、get、patch
    // 方法
    transformRequest:[function(data){
        //依自己的需求对请求数据进行处理
        return data;
    }],
    // transformResponse 允许返回的数据在传入 then/catch 之前进行处理
    transformResponse:[function(data){
        //依需要对数据进行处理
        return data;
    }],

    // headers 是自定义的要被发送的头信息
    headers:{'X-Requested-with':'XMLHttpRequest'},

    // params 是请求连接中的请求参数，必须是一个纯对象或者 URLSearchParams 对象
    params:{
        ID:12345
    },

    // paramsSerializer 是一个可选的函数，用来序列化参数
    // 例如：（https://ww.npmjs.com/package/qs,http://api.jquery.com/jquery.param/)
    paramsSerializer: function(params){
        return Qs.stringify(params,{arrayFormat:'brackets'})
    },

    // data 是请求主体需要设置的数据
    //只适用于应用的 put、get、patch 方法
    data:{
        firstName:'fred'
    },

    // timeout 定义请求的时间，单位是毫秒
    //如果请求的时间超过这个设定时间，请求将会停止
    timeout:1000,
}
```

以上为开发中经常使用的选项，还有一些其他的配置选项，更为详细的请求设置选项介绍详见官网，这里不再一一列举。

5.4.5　返回响应概要

发送一个请求之后的返回结果包含以下信息。

```
{
    // data 是服务器提供的回复（相对于请求）
    data{
        Name:"晓米",
        data:{...}
    },

    // status 是服务器返回的 http 状态码
    status:200,

    // statusText 是服务器返回的 http 状态信息
    statusText: 'ok',

    // headers 是服务器返回结果中携带的 headers
    headers:{},

    // config 是对 Axios 进行的设置，目的是为了请求（request）
    config:{}
}
```

通过返回信息可知，请求接口返回的数据存放在 data 选项中，所以 data 选项备受关注。

5.4.6 拦截器

拦截器可以在请求或者返回结果被 then 或者 catch 处理之前对它们进行拦截。

拦截器的作用：在发送请求之前拦截，可以对请求数据进行处理，比如给每一个请求都添加上 token 或者给请求统一添加一些内容；在响应请求之前拦截，可以对返回的数据进行二次加工等。下面来看一下拦截器的具体使用。

```
//添加一个请求拦截器
axios.interceptors.request.use(function(config){
    // 在请求发送之前做一些事
    console.log("请求马上要发送了！");
    return config;
},function(error){
    // 当出现请求错误时做一些事
    return Promise.reject(error);
});

//添加一个返回拦截器
axios.interceptors.response.use(function(response){
    // 对返回的数据进行一些处理
    console.log("将要返回请求的数据了！");
    return response;
},function(error){
    //对返回的错误进行一些处理
```

```
        return Promise.reject(error);
    });
```

通过上面对拦截器代码的演示，读者对拦截器的使用有了一定的了解，拦截器在实际的开发中是比较常用的。

5.4.7　上机训练

上机练习——使用 Axios 的 get 方法获得接口数据

需求说明

- 使用 Axios 的 get 方法调用本地模拟的评论数据。
- 将获得的评论数据显示在页面上，模拟的评论数据详见 comment.json 文件。

运行项目的页面效果如图 5.3 所示。

图5.3　get方法获得接口数据

任务 5　大觅项目的服务端通信配置

经过本章前面内容的讲解，对于工具的使用已经清楚，但是如何把工具集成配置到项目中还不清楚，读者可以扫描二维码进行学习。

本章作业

1．提供的 API-Schema 接口定义文档如图 5.4 所示，请根据接口的定义说明模拟前端接口。

2. 查询分类接口

> 本接口用于商品搜索页查询商品分类列表

INPUT

字段	字段类型	字段说明
parent	整型	商品分类父级id(查询一级分类parent传0)

OUTPUT

> data属性（数组）的数据格式为

字段	字段类型	字段说明
id	整型	分类id
itemType	字符串	分类名称
level	整型	分类级别(1:1级,2:2级)
parent	整型	父级分类Id
aliasName	字符串	分类别名

异常码说明

异常码	异常码说明
0000	查询成功

图5.4　查询分类接口数据定义

2．使用 Axios 的 get 方法调用本地模拟的网易健康数据，并将获得的数据显示在页面上，网易健康模拟数据详见 health.json 文件。

运行项目的页面效果如图 5.5 所示。

图5.5　网易健康接口数据

为了方便读者验证答案，提升专业技能，请扫描二维码获取本章作业答案。

第 6 章

Vue.js 指令

本章任务

任务 1：条件渲染指令
任务 2：列表渲染 v-for 指令
任务 3：方法与事件
任务 4：v-model 与表单

技能目标

❖ 掌握条件渲染指令
❖ 掌握使用 v-for 实现列表渲染
❖ 掌握方法与事件的使用
❖ 掌握使用表单与 v-model 指令实现双向数据绑定

本章知识梳理

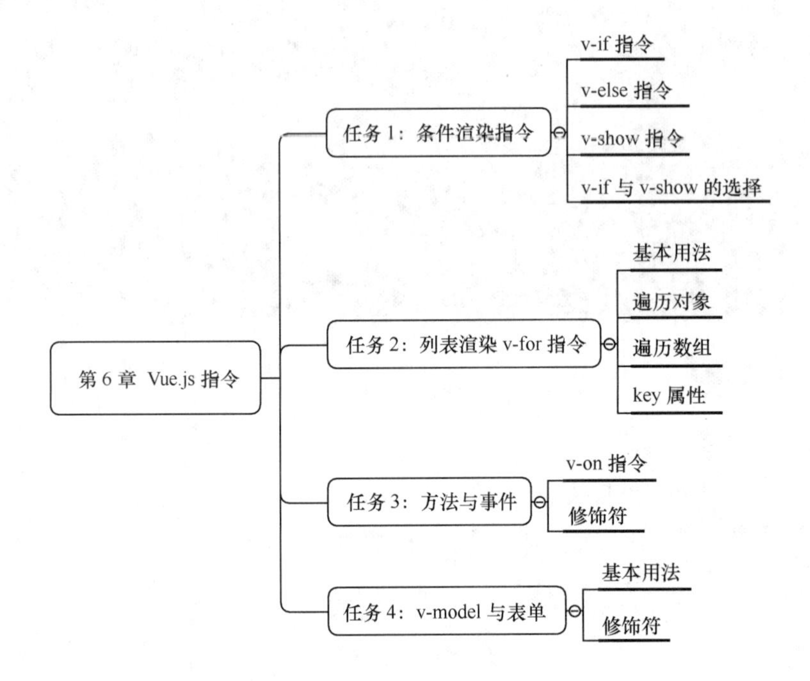

本章简介

回顾第 4 章的任务 3，介绍过指令（Directive）的概念及其使用规范。Vue.js 指令带有特殊前缀“v-”，它绑定了一个表达式，并将一些特性应用到 DOM 上，在第 4 章已经使用过 Vue 的指令——v-bind，本章将继续介绍 Vue.js 中更多的指令。

预习作业

简答题

（1）简述条件渲染指令的作用。

（2）简述 v-for 实现列表渲染的原理。

（3）简述方法与事件的使用。

（4）简述使用表单与 v-model 指令实现双向数据绑定的原理。

任务 1 条件渲染指令

条件渲染指令主要包括 v-if、v-else、v-show 指令，它们在实际的企业级项目开发中使用得比较广泛。与 JavaScript 中的条件语句 if、else 类似，Vue.js 的条件指令可以根据表达式的值在 DOM 中渲染、销毁元素或者组件。

6.1.1　v-if 指令

条件渲染指令是根据表达式的真假来插入和删除元素的。

语法

v-if = '表达式'

根据表达式结果的真假来确定是否显示当前元素，如果表达式为 true，显示该元素；如果表达式为 false，则隐藏该元素。

通过代码来看一下 v-if 指令的使用。使用 Vue-cli 脚手架新建项目，在 HelloWorld.vue 组件中写入以下代码，如示例 1 所示。

示例 1

```
<template>
    <div class="hello">
        <h1 v-if="isShow">表达式的值为真就能显示</h1>
    </div>
</template>

<script>
export default {
  name: 'HelloWorld',
  data () {
    return {
      isShow: true
    }
  }
}
</script>

<style scoped>
    h1 {
      font-weight: normal;
      font-size: 20px;
    }
</style>
```

运行项目，在浏览器中的显示效果如图 6.1 所示。

图6.1　v-if指令

6.1.2　v-else 指令

v-else 指令就是为 v-if 指令添加了一个“else 块”，v-else 元素必须紧跟在 v-if 元素的后面，否则不能被识别。

语法

v-else 指令后面不需要跟表达式，如果 v-if 为 true，后面的 v-else 不会渲染到 HTML

中；如果 v-if 为 false，后面的 v-else 才会渲染到 HTML 中。

通过代码来看一下 v-else 指令的使用，具体代码如示例 2 所示。

示例 2

```
<template>
    <div class="hello">
        <h1 v-if="isShow">表达式的值为真就能显示</h1>
        <h1 v-else>v-if 不成立的时候就显示</h1>
    </div>
</template>

<script>
export default {
  name: "HelloWorld",
  data() {
    return {
      isShow: false
    };
  }
};
</script>

<style scoped>
h1 {
  font-weight: normal;
  font-size: 20px;
}
</style>
```

在浏览器中的显示效果如图 6.2 所示。

图6.2 v-else指令

6.1.3 v-show 指令

v-show 指令的用法与 v-if 指令基本一致，区别是 v-show 指令通过改变元素的 CSS 属性 display 来控制显示与隐藏。

语法

```
v-show = '表达式'
```

当 v-show 表达式的值为 false 时，元素会隐藏，查看 DOM 结构会发现元素上加载了内联样式 display:none。

通过代码来看一下 v-show 指令的使用，具体代码如示例 3 所示。

示例 3

```
<template>
    <div class="hello">
        <p v-show="status == 1">当 status 为 1 时显示该行</p>
```

```
    </div>
</template>

<script>
export default {
  name: "HelloWorld",
  data() {
    return {
      status:2
    };
  }
};
</script>

<style scoped>
</style>
```

在浏览器中的显示效果如图 6.3 所示。

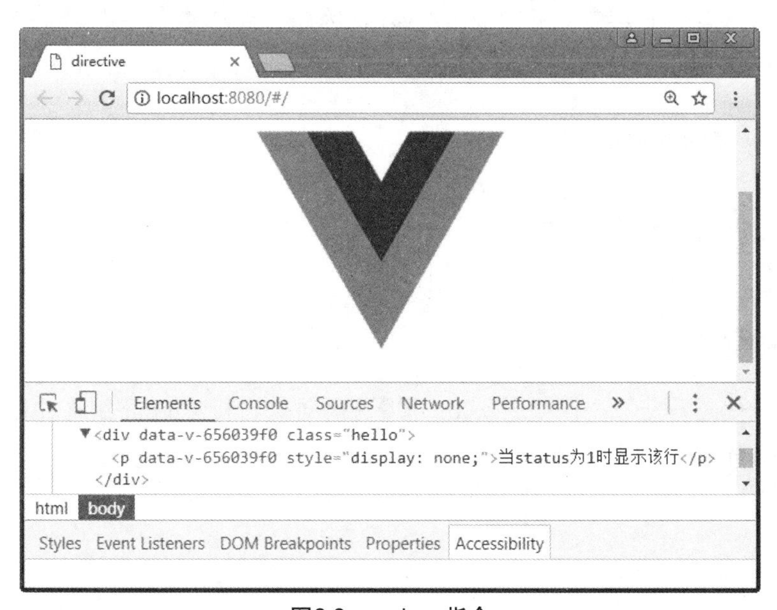

图6.3　v-show指令

在示例 3 中，status 的值为 2，所以表达式的值为 false。因为在 p 元素上加载了内联样式 display:none，所以 p 元素被隐藏掉了。

6.1.4　v-if 与 v-show 的选择

v-if 和 v-show 具有类似的功能，不过 v-if 才是真正的条件渲染，它会根据表达式适当地销毁或者重建元素及绑定的事件或子组件。若表达式初始值为 false，则一开始元素或组件并不会渲染，只有当条件第一次为真时才开始编译。

v-show 只是简单的 CSS 属性切换，无论条件是否为真，都会被编译，其内部通过是否加载 CSS 属性 display 来控制显示或者隐藏。

那么该如何选择 v-if 与 v-show 的应用场景呢？相比之下，v-if 更适合条件不经常改变的场景，因为 v-if 指令有更高的切换消耗，而 v-show 指令有更高的初始渲染消耗。如果需要频繁切换，使用 v-show 较好；如果在运行时条件不大可能改变，使用 v-if 较好。

任务 2 列表渲染 v-for 指令

6.2.1 基本用法

v-for 指令基于一个数组来渲染一个列表，它的语法和 JavaScript 的遍历语法相似：v-for="item in items"，items 代表数组，item 则是当前被遍历的数组元素项。v-for 指令使用频率相当高，比如大觅项目中的商品列表页面，一条一条的商品列表便是使用循环遍历出来的；还有常用购票人列表，也是先拿到后台数据库的数据，再进行循环遍历显示的。循环遍历显示的操作在实际项目中用得比较多，因此一定要重点掌握 v-for 指令的使用。

语法

```
v-for = ' (item, index) in items'
```

- item 表示每次遍历得到的元素
- index 表示 item 的索引，为可选参数
- items 表示数组或者对象

6.2.2 遍历对象

下面通过代码看一下如何使用 v-for 指令遍历对象。新建 vFor 组件并在组件中写入以下代码，具体如示例 4 所示。

示例 4

```
<template>
    <div class="page">
        <ul>
            <li v-for="(value, key, index) in person">
                {{index}} - {{key}} - {{value}}
            </li>
        </ul>
    </div>
</template>

<script>
export default {
  data() {
```

```
      return {
        person: {
          name: "小暖",
          age: 20
        }
      };
    }
  };
</script>

<style scoped>
</style>
```

在浏览器中的显示效果如图6.4所示。

图6.4　v-for指令遍历对象

通过浏览器的输出结果可以明确看出，value 代表对象的属性值，key 代表当前对象的属性名，index 代表当前对象的索引值。

6.2.3　遍历数组

下面通过代码看一下如何使用 v-for 指令遍历数组，具体代码如示例 5 所示。

示例 5

```
<template>
  <div class="page">
    <ul>
      <li v-for="(item,index) in lesson">
        {{index}} - {{item.name}} - {{item.type}}
    </li>
    </ul>
  </div>
</template>

<script>
export default {
  data() {
    return {
      person: {
        name: "小暖",
        age: 20
      },
        lesson: [
          { name: '前端三大块', type: ['HTML', 'CSS', 'JavaScript'] },
          { name: '前端三大框架', type: ['vuejs', 'react', 'angularjs'] },
```

```
            ]
        };
    }
};
</script>

<style scoped>
</style>
```

在浏览器中的显示效果如图 6.5 所示。

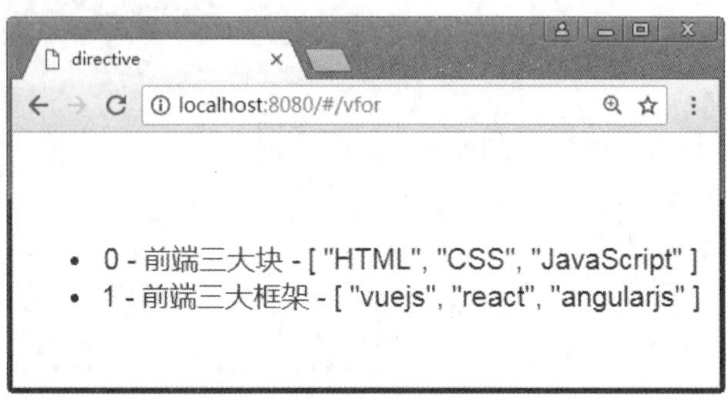

图6.5　v-for指令遍历数组

通过浏览器遍历数组的显示结果可以明确看出，item 代表遍历的每一个数组对象，index 代表当前数组对象的索引值。

6.2.4　key 属性

为了方便 Vue 实例跟踪每个节点的身份，从而重用和重新排序现有元素，需要为每项提供一个唯一的 key 属性。理想的 key 属性值是每项都有并且唯一的 id。key 的工作方式类似于一个属性，所以需要用 v-bind 来绑定动态值。这里为示例 5 中的使用 v-for 指令遍历的代码添加 key 属性。

```
<li v-for="(item,index) in lesson":key="index">
        {{index}} - {{item.name}} - {{item.type}}
</li>
```

注意

尽可能在使用 v-for 指令时提供 key 属性，除非遍历输出的 DOM 内容非常简单。

6.2.5　上机训练

上机练习 —— 网易健康页面

需求说明

- 完成网易健康页面的基本布局。

- 在生命周期函数中使用 Axios 请求“网易健康”数据，数据为本地模拟的数据，详见 health.json 文件。
- 遍历渲染显示“网易健康”接口数据到页面中,页面效果如图 6.6 所示。

网易健康

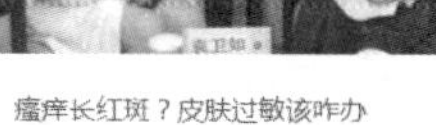
瘙痒长红斑？皮肤过敏该咋办
夏季如何调养呼吸道疾病？
带你了解视网膜母细胞瘤
揭开青春期男孩生理变化的小秘密

图6.6　网易健康页面

任务 3　方法与事件

6.3.1　v-on 指令

v-on 指令为 HTML 元素绑定监听事件，类似原生 JavaScript 的 onclick，也是在 HTML 元素上进行监听。

语法

v-on:事件名称 ='函数名称()'

函数需要定义在 Vue 实例的 methods 配置项中。

下面通过代码看一下如何使用 v-on 指令，具体代码如示例 6 所示。

示例 6

```
<template>
    <div class="page">
        <!--click 直接绑定一个方法，没有参数时方法后面的括号可以省略-->
        <!-- <button v-on:click='fn()'>toggle</button> -->
        <button v-on:click='fn'>toggle</button>
        <div class="box" v-show='bol'></div>
    </div>
</template>

<script>
export default {
  data() {
    return {
      // 数据
      bol: false
```

```
        };
    },
    // 事件统一写在 methods 里
    methods: {
        fn: function() {
            this.bol = !this.bol;
        }
    }
};
</script>

<style scoped>
.page {
        width: 400px;
        height: 400px;
        margin: 0 auto;
}
.box {
    width: 100px;
    height: 100px;
    background: red;
    margin: 10px auto;
}
</style>
```

在浏览器中的显示效果如图 6.7 所示。

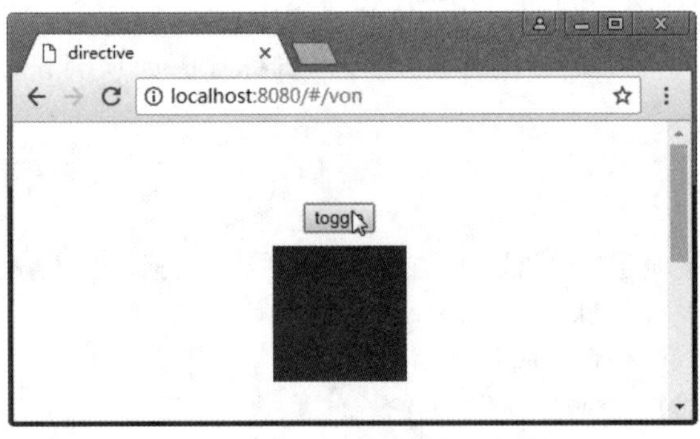

图6.7　v-on指令

当单击 toggle 按钮的时候，如果 div 是显示状态，那么单击之后会隐藏 div；相反，单击 toggle 按钮 div 会显示。

示例 6 是事件方法不带参数的情况，如果事件方法需要传递参数，来看一下示例 7。

示例 7

```
<template>
    <div class="page">
        <button v-on:click="say('Hello')">Hello</button>
```

```
    </div>
</template>

<script>
export default {
  data() {
    return {
      // 数据
      bol: false
    };
  },
  // 事件统一写在 methods 里
  methods: {
    say: function(msg) {
      alert(msg);
    }
  }
};
</script>

<style scoped>
.page {
  width: 400px;
  height: 400px;
  margin: 160px auto;
}
</style>
```

在浏览器中的显示效果如图 6.8 所示。

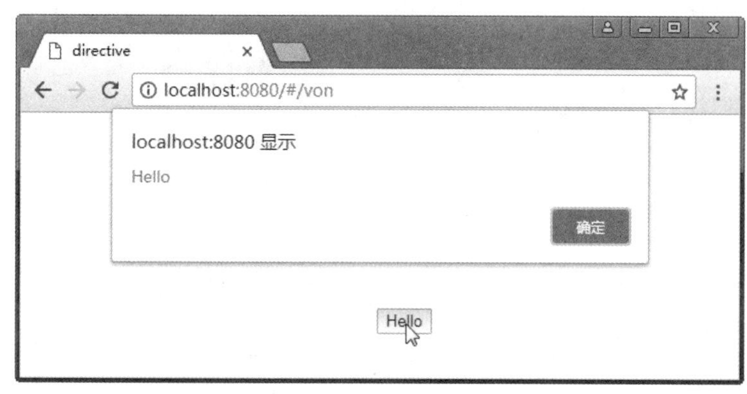

图6.8　事件带参

单击 Hello 按钮，需要把“Hello”字符串作为参数进行传递，并弹出窗口显示“Hello”字符串。

注意

v-on:可以简写成@。例如示例 7 中使用 v-on 指令的代码可以简写成如下形式:

```
<button @click="say('Hello')">Hello</button>
```

6.3.2 修饰符

v-on 后面还可以增加修饰符，即在@绑定的事件后加小圆点“.”再跟一个后缀。Vue 中常用的修饰符如下。

- .stop：调用 event.stopPropagation()。
- .prevent：调用 event.preventDefault()。
- .self：当事件是从侦听器绑定的元素本身触发时才触发回调。
- .{keycode}：只在指定键上触发回调。

下面通过代码来看一下修饰符的具体使用，新建 modifier.vue 文件，在其中写入示例 8 所示代码。

示例 8

```
<template>
    <div class="page">
        <div class="div-par" @click="parent">
            parent
            <!-- 这样写的话，会产生冒泡行为 -->
            <div class="div-child" @click="child">child</div>
        </div>
    </div>
</template>

<script>
export default {
  data() {
    return {};
  },
  methods: {
    parent: function() {
      console.log("parent");
    },
    child: function() {
      console.log("child");
    }
  }
};
</script>
```

```
<style scoped>
.div-par {
  width: 100px;
  height: 100px;
  border: 1px solid #333;
  margin: 20px auto;
  color: #333;
}
.div-child {
  width: 50px;
  height: 50px;
  border: 1px solid #333;
  margin: 10px 25px;
}
</style>
```

在浏览器中的显示效果如图 6.9 所示。

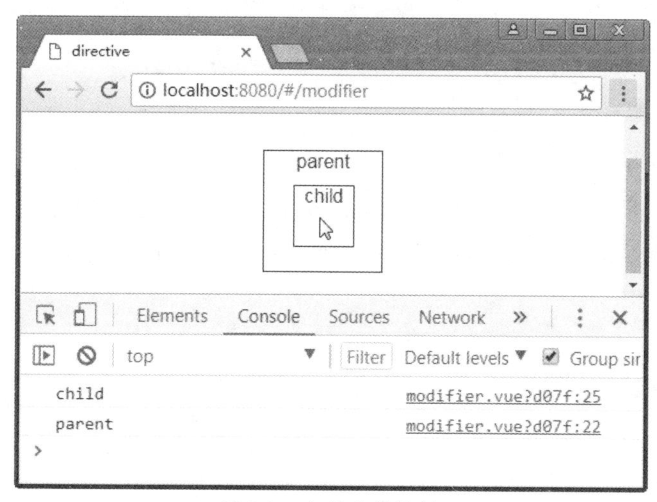

图6.9　事件中修饰符

当单击 child 边框内区域时，可以看到控制台输出结果为 child 和 parent，这就是单击事件的冒泡行为。如何使用修饰符来解决冒泡行为呢？有两种解决方法。

第一种方法是直接使用 stop 修饰符，例如单击 child 边框内区域，可以使用如下代码解决。

```
<div class="div-child" @click.stop="child">child</div>
```

第二种方法是使用 self 修饰符限制到自身去触发事件，而不能由冒泡触发。可以在 parent 对应的 div 上添加 self 修饰符，这样只有点击 parent 本身才可以触发事件。代码如下所示。

```
<div class="div-par" @click.self="parent"></div>
```

提示

示例 8 演示了. stop 和.self 修饰符的使用，同理可知其他修饰符的使用方法，读者可以自行学习。

例如，.{keycode}修饰符可以实现当按下 Enter 键时触发回调函数。Vue.js 提供的键值有：Esc：27、Tab:9、Enter：13、Space:32、Up：38、Left：37、Right：39、Down:40 等。

任务 4 v-model 与表单

6.4.1 基本用法

表单控件在实际业务中较为常见，比如单选按钮、复选框、下拉列表、输入框等，用它们可以完成数据的录入、校验、提交等操作。Vue.js 提供了 v-model 指令，用于在表单类元素上双向绑定数据。

提示

双向绑定指的是 Vue 实例中的 data 与其渲染的 DOM 元素上的内容保持一致，两者无论谁改变，另一方也会相应地更新为相同的数据。

语法

v-model = 变量

注意

v-model 指令只能用在<input>、<select>、<textarea>等表单元素上。

下面通过代码来看一下 v-model 指令是如何结合表单域实现双向数据绑定的。新建 vModel.vue 组件，写入以下代码，如示例 9 所示。

示例 9

```
<template>
    <div class="page">
        <input type="text" v-model='msg'></input>
        <h1>{{ msg }}</h1>
    </div>
</template>
```

```
<script>
export default {
  data() {
    return {
      msg: "hello"
    };
  }
};
</script>

<style scoped>
</style>
```

在浏览器中的显示效果如图 6.10 所示。

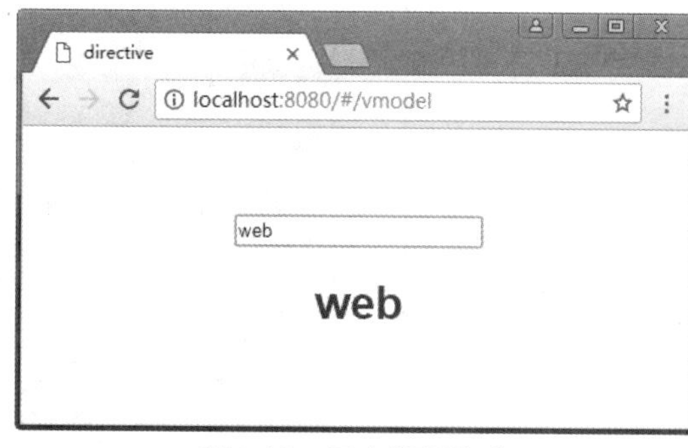

图6.10　双向数据绑定

6.4.2　修饰符

与事件的修饰符类似，v-model 指令也有修饰符，用于控制数据同步的时机。下面主要介绍两种常用修饰符 lazy 和 trim 的使用。

1. lazy

v-model 默认是在 input 事件中同步输入框的数据，使用修饰符 lazy 会转变为在 change 事件中同步。下面通过代码来看一下 lazy 修饰符的使用，方法很简单，只需要在示例 9 的基础上添加 lazy 修饰符。

```
<input type="text" v-model.lazy='msg'></input>
```

添加 lazy 修饰符之后，msg 并不是实时改变了，而是在失去焦点或者按下回车时更新。

2. trim

修饰符 trim 可以自动过滤输入的首尾空格，修改示例 9 代码如下所示。

```
<input type="text" v-model.trim='msg'></input>
```

注意

如果是密码等输入框，请不要加 trim 修饰符，因为有些用户会用空格作密码。

本章作业

1．实现合计总价页面

- 使用 v-for 遍历数据显示列表效果，使用 v-on 绑定 click 事件，当单击列表项目时，当前的列表项目变成绿色，再次单击绿色的列表项目，变为黄色背景。
- 当项目变成绿色之后，下方的 total 总数显示所有变成绿色项目的总和。

项目运行的页面效果如图 6.11 所示。

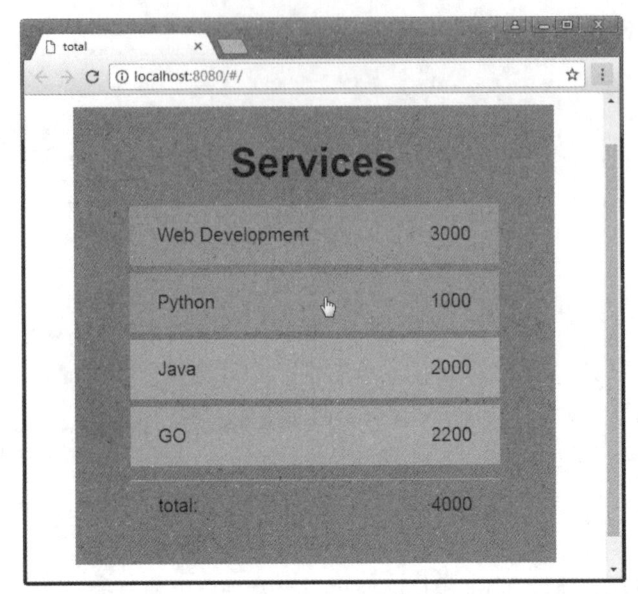

图6.11 合计总价页面

2．布局切换

- 大图模式和列表模式两种布局的 CSS 部分已经完成，单击大图模式或者列表模式的图标就可以实现两种布局的切换。
- 通过 v-bind 绑定 class 来切换样式，并且通过 v-on 绑定 click 事件来改变布局属性，以便确定使用 v-for 来遍历需要显示的布局内容。

运行项目的页面效果如图 6.12、图 6.13 所示。

图6.12 布局切换大图模式显示

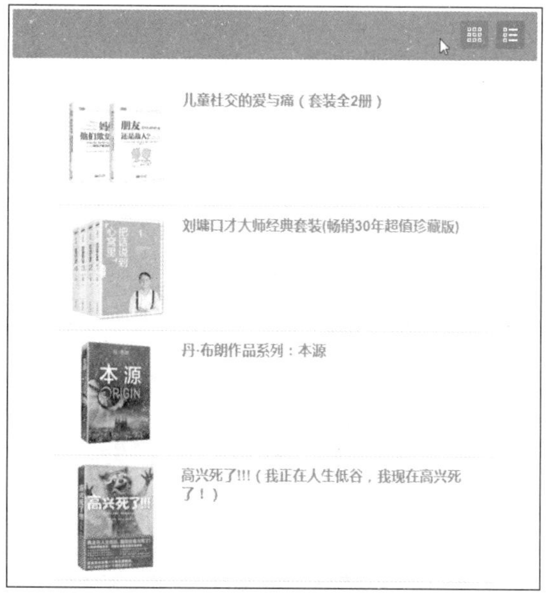

图6.13 布局切换列表模式显示

注意

为了方便读者验证答案，提升专业技能，请扫描二维码获取本章作业答案。

第 7 章

组件详解

本章任务

任务 1：组件概念与复用
任务 2：使用 props 传递数据
任务 3：组件通信
任务 4：slot 分发内容

技能目标

❖ 掌握使用 props 实现父组件传递子组件
❖ 掌握使用自定义事件$emit 方法实现子组件传递父组件
❖ 掌握使用插槽灵活控制组件内容

本章知识梳理

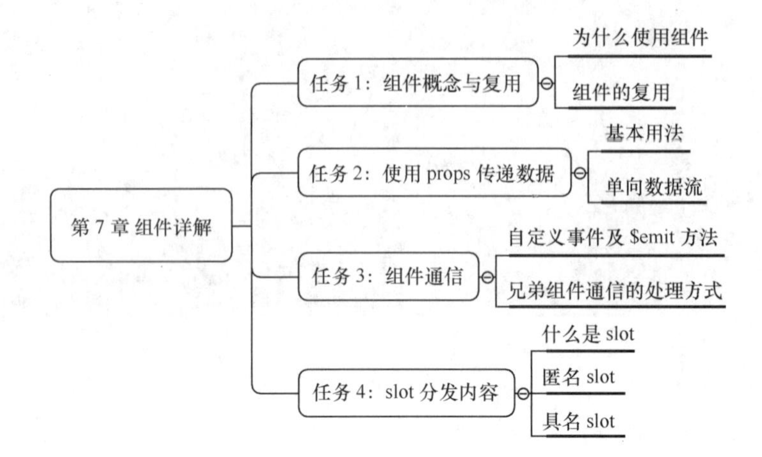

本章简介

组件（component）是 Vue.js 最核心的功能，也是整个框架最精彩的地方，当然也最难掌握。本章将由浅入深地介绍组件的内容，并通过具体示例熟练使用 Vue 组件。

预习作业

简答题

（1）简述组件的概念及其复用原理。

（2）简述如何使用 props 传递数据。

（3）简述如何实现子组件传递数据给父组件。

（4）简述如何使用 slot 分发内容。

任务 1 组件概念与复用

7.1.1 为什么使用组件

正式介绍组件之前，先来看一个简单的场景，图 7.1 所示是聊天界面，其中有一些标准的控件，比如关闭按钮、输入框、发送按钮等。在传统的开发中，实现起来也很简单，使用 div 和 input 就能解决。现在需求升级，这些控件别的地方也要用，把 div 和 input 复杂粘贴到别处就可以解决问题。如果现在的需求是要在所有的输入框中加数据验证，解决方案可能就是用 JavaScript 封装后一起复制。等到项目快结束的时候，产品经理要求所有用到输入框的地方全部支持回车键提交，如果使用传统复制粘贴的话，将十分麻烦，需要找到输入框一个个去加上对应代码，工作量巨大，而且浪费时间。

图7.1　简易聊天框

上面的需求虽然有点夸张，但却是业务中很常见的。组件可以简单地理解为模块化的单元，Vue.js 的组件就是用来提高重用性的，让代码可以复用。学习完组件之后，上面的问题就可以很容易地解决了。

7.1.2　组件的复用

组件使用

单文件组件在之前章节已经做过介绍，关于组件如何提高复用性并没有提到，下面使用大觅项目的列表页为例来介绍组件的使用。具体的使用方法请扫描二维码学习。

任务 2　使用 props 传递数据

7.2.1　基本用法

组件不仅仅是把模板的内容进行复用，更重要的是组件间的通信，通常父组件的模板中包含子组件，父组件要正向地向子组件传递数据以及参数，子组件接收到参数后再根据参数的不同来渲染不同的内容或执行操作。这个正向传递数据的过程就是通过 props 来实现的。

提示

父组件与子组件的概念，通过图 7.2 来解释。图 7.2 为大觅项目列表页中的一个列表项，这个列表项可以认为是父组件。每一个列表项中，当单击地图内容的时候可以跳转到当前演出的剧院地址，所以将地图组件单独抽离出来作为一个独立的组件在列表项中使用，这个地图组件相对于列表项来说就是子组件。通过这个例子，父组件与子组件的概念理解起来就较为清晰了。

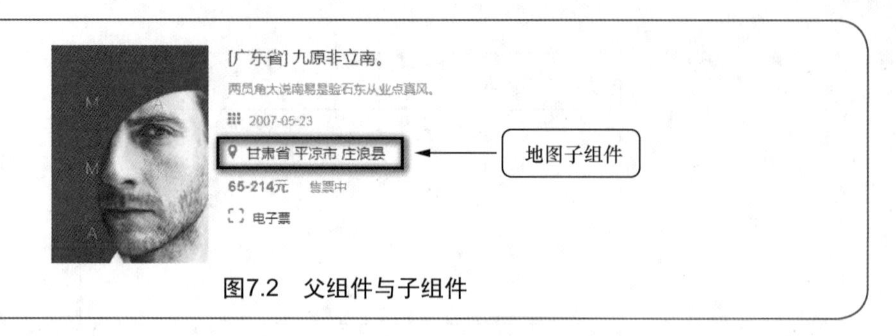

图7.2　父组件与子组件

在组件中，使用选项 props 来声明需要从父级接收的数据。props 的值有两种，一种是字符串数组，另一种是对象，但是对象传递数据的方式不经常使用，读者如果有兴趣可以自行研究，这里只讲解数组的方式。

注意

为什么子组件的数据要从父组件传递过来呢，因为大型项目中组件很多，而且大部分数据都由后台数据库提供，如果每个组件都向服务器申请数据，无疑是比较浪费效率的，开发者去管理这些数据也会很麻烦，所以这里采取的方法是：所有的数据都在页面级的组件中去向服务器申请获得，子组件如果需要数据，可以由父组件将需要的数据传递给子组件，使项目中的数据更利于管理。

下面以大觅列表页与列表中的列表项目组件为例，来演示选项 props 的使用，首先来看父组件列表页的代码，如示例 1 所示。

示例 1

```
<template>
    <div class="page">
        <h3>这是列表页</h3>
        <button v-on:click="skip()">跳转到详情页</button>
        <!-- 组件调用 -->
        <ListItem message="来自列表页的数据"></ListItem>
    </div>
</template>

<script>
// 引入组件
import ListItem from "@/components/ticketlist/listitem"
export default {
  data() {
    return {};
  },
  components:{
    // 注册组件
    ListItem
```

```
    }
};
</script>

<style scoped>
</style>
```

接下来看一下列表页中的列表项目如何接收父组件传递过来的数据，子组件列表项目的代码如示例 2 所示。

示例 2

```
<template>
    <div class="list">
        <ul>
            <li @click="handleClick()">这是第一条数据</li>
        </ul>
            <!-- 在页面中把接收的数据显示出来 -->
        <p> {{ message }} </p>
    </div>
</template>

<script>
        export default {
        data() {
            return {};
        },
        // 通过 props 接收父组件传递的数据
        props: ["message"]
        };
</script>

<style scoped>
        .list {
        color: #f00;
        }
        .list p {
        font-weight: 700;
        }
</style>
```

在浏览器中的显示效果如图 7.3 所示。

图7.3　props传递数据

通过图 7.3 可以看到，“来自列表页的数据”几个字已经显示出来了，说明数据已经从父组件传递到了子组件中。

在子组件列表项目中，可以发现 props 中声明的数据与组件 data 函数返回的数据的主要区别是 props 中声明的数据来自父级，而 data 中是组件自己的数据，作用域是组件本身，这两种数据都可以在模板（template）及方法（method）中使用。示例 2 中的数据

“message”就是通过 props 从父级传递过来的，在组件的自定义标签上直接写 props 的名称，如果要传递多个数据，在 props 数组中添加项即可。

大多数情况下，传递的数据并不是静态不变的，而是来自父级的动态数据，可以使用 v-bind 指令来动态绑定 props 的值，当父组件的数据发生变化时，也会传递给子组件。下面通过代码来看一下具体的使用，父组件的代码如示例 3 所示。

示例 3

```
<template>
    <div class="page">
        <h3>这是列表页</h3>
        <button v-on:click="skip()">跳转到详情页</button>
        <!-- 组件调用 -->
        <button @click="changeData()">改变数据</button>
        <ListItem :message="listdata"></ListItem>
    </div>
</template>

<script>
// 引入组件
import ListItem from "@/components/ticketlist/listitem"
export default {
  data() {
    return {
      listdata:""
    };
  },
  components:{
    // 注册组件
    ListItem
  },
  methods: {
    // 单击按钮改变 listdata 数据
    changeData(){
      this.listdata = "单击按钮之后的数据"
    }
  }
};
</script>

<style scoped>
</style>
```

子组件接收数据的情况并没有变化，代码仍如示例 2 所示。在浏览器中显示效果，首先是初始状态下的显示情况，如图 7.4 所示。

当单击“改变数据”按钮之后，页面显示效果如图 7.5 所示。

图7.4　props动态传递数据

图7.5　单击按钮之后props动态传递数据

初始状态下，listdata 设置为空字符串，所以图 7.4 中并没有任何显示，单击“改变数据”按钮之后，listdata 值改变为“单击按钮之后的数据”字符串，所以图 7.5 中显示的数据发生了变化。

7.2.2　单向数据流

在 Vue2.X 中通过 props 传递数据是单向的，也就是父组件数据变化会传递给子组件，但是反过来不成立。之所以这样设计，就是尽可能将父子组件解耦，避免子组件无意间修改父组件的状态。

业务中经常遇到两种需要改变 props 传递过来数据的情况。一种是父组件传递初始值，子组件将其作为初始值保存起来，在自己的作用域内可以随意使用和修改。这种情况下可以在子组件的 data 中再声明一个数据来引用父组件传递过来的数据。父组件代码如示例 4 所示。

示例 4

```
<template>
    <div class="page">
        <h3>这是列表页</h3>
        <button v-on:click="skip()">跳转到详情页</button>
        <ListItem :message="count"></ListItem>
    </div>
</template>

<script>
// 引入组件
import ListItem from "@/components/ticketlist/listitem"
export default {
  data() {
    return {
      listdata:"",
      count: 100
    };
  },
  components:{
    // 注册组件
```

```
        ListItem
    }
};
</script>

<style scoped>
</style>
```

子组件代码如示例 5 所示。

示例 5

```
<template>
    <div class="list">
        <ul>
            <li @click="handleClick()">这是第一条数据</li>
        </ul>
        <!-- 在页面中把接收的数据显示出来 -->
        <p>{{ receive }}</p>
    </div>
</template>

<script>
    export default {
    data() {
        return {
            receive:this.message
        };
    },
    // 通过 props 接收父组件传递的数据
    props: ["message"]
    };
</script>

<style scoped>
    .list {
    color: #f00;
    }
    .list p {
    font-weight: 700;
    }
</style>
```

子组件中声明了 receive，在组件初始化的时候会获得来自父组件的 message，之后就与之无关了，只需要维护 receive，这样就避免了直接操作 message。在浏览器中的显示效果如图 7.6 所示。

图7.6 变量接收传递的数据

另一种情况是 props 作为需要被转变的原始值传入，这种情况用计算属性就可以了，会在讲解计算属性的章节再介绍。

7.2.3 上机训练

上机练习 —— 移动端标题栏

需求说明

- 完成移动端标题子组件，在子组件中接收标题和两张修饰图片。
- 在父组件中调用子组件，并传递给子组件对应的内容。
- 图片以 import 的方式进行导入，页面效果如图 7.7 所示。

图7.7 移动端标题栏

任务 3 组件通信

通过前面的学习，已经知道父组件与子组件通信通过 props 传递数据就可以了，但是 Vue 组件通信的场景远不止这一种，最容易想到的还有子组件传值给父组件。组件之间传值可以用图 7.8 表示。

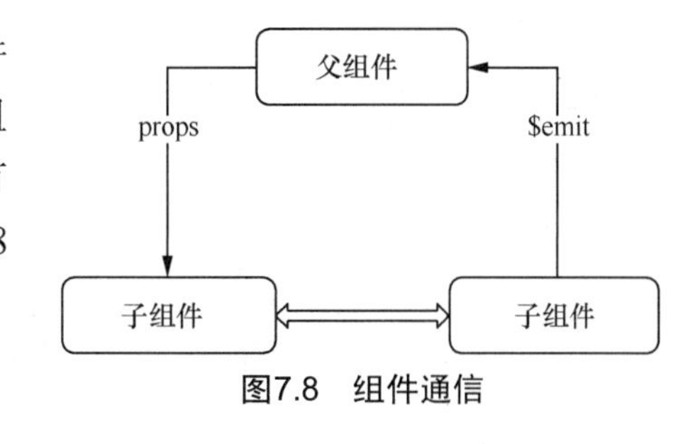

图7.8 组件通信

7.3.1 自定义事件及$emit 方法

Vue.js 允许正向传值，也就是父组件传值给子组件。正向传值不需要条件触发，是主动的，逆向传值则是不允许的，需要主动触发，也即需要主动抛出自定义事件去监听。

语法

```
this.$emit('event',val)
```

$emit 为实例方法，用来触发事件监听。其中，参数 event 代表自定义事件名称，参数 val 代表通过自定义事件传递的值，注意这里的 val 为可选参数。

下面通过代码看一下如何使用自定义事件，父组件代码如示例 6 所示。

示例 6

```
<template>
    <div class="page">
        <h1>父组件</h1>
        <p>子组件传递的数据: {{ message }}</p>
        <child @change='getVal'></child>
    </div>
</template>

<script>
import child from "./child";
export default {
  data() {
    return { message: "" };
  },
  components: { child },
  methods: {
    getVal: function(val) {
        this.message = val;
    }
  }
};
</script>

<style scoped>
</style>
```

子组件代码如示例 7 所示。

示例 7

```
<template>
    <div class="page">
        <h1>子组件</h1>
        <button @click='fn'>单击子组件传值父组件</button>
    </div>
</template>

<script>
export default {
  data() {
    return {
      cMsg: " child 要传递的信息"
    };
  },
```

```
methods: {
    fn: function() {
        this.$emit("change", this.cMsg);
    }
}
};
</script>

<style scoped>
</style>
```

在浏览器中的初始显示效果如图 7.9 所示。

单击子组件中的传值按钮之后的显示情况如图 7.10 所示。

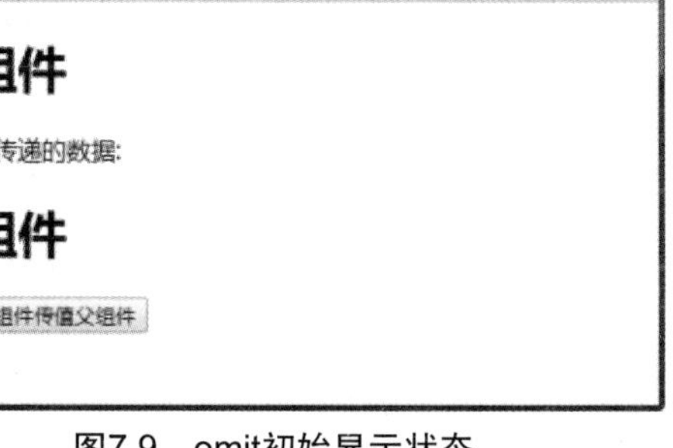

图7.9　emit初始显示状态

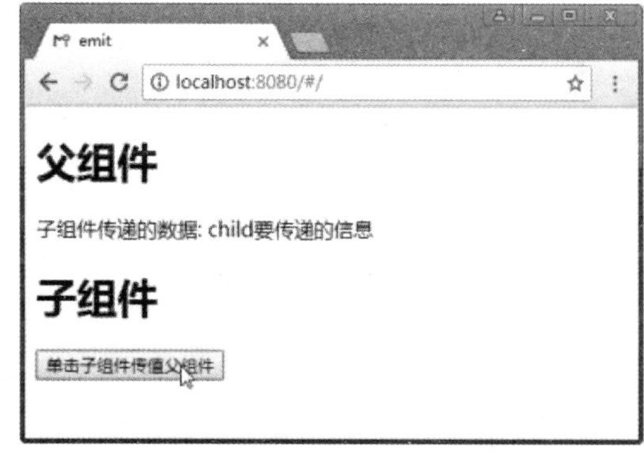

图7.10　单击按钮之后传值父组件

当单击子组件的传值按钮之后，对子组件中的“child 要传递的信息”进行了传递，父组件通过自定义函数接收到这个值并显示在页面中。

注意

子组件传值给父组件的时候，事件触发及接收原则是：谁触发的监听谁接收。

7.3.2　兄弟组件通信的处理方式

兄弟组件间的传值最容易想到的解决方案是通过共同的父组件进行中转，这里假设一个场景，组件 1 中的某个数量需要在组件 2 中同步展示，这个时候就会涉及到兄弟组件之间的传值。通过一个案例来看一下具体代码的实现方式，父组件代码如示例 8 所示。

示例 8

```
<template>
    <div class="page">
        <h1>父组件</h1>
```

```
        <p>{{ message }}</p>
        <ChildOne @change='getVal'></ChildOne>
        <ChildTwo :count="message"></ChildTwo>
    </div>
</template>

<script>
import ChildOne from "./childone";
import ChildTwo from "./childtwo";
export default {
  data() {
    return {
      message: 0
    };
  },
  components: { ChildOne, ChildTwo },
  methods: {
    getVal: function(val) {
      this.message = val;
    }
  }
};
</script>

<style scoped>
</style>
```

子组件 1 的代码如示例 9 所示。

示例 9

```
<template>
    <div class="page">
        <h3>子组件 1</h3>
        <button @click="fn">传值到父组件</button>
    </div>
</template>

<script>
export default {
  data() {
    return {
      num: "10"
    };
  },
  methods: {
    fn: function() {
```

```
            this.$emit("change", this.num);
        }
    }
};
</script>

<style scoped>
.page {
  border: 1px solid #000;
  padding: 10px;
  margin-bottom: 10px;
}
</style>
```

子组件 2 的代码如示例 10 所示。

示例 10

```
<template>
    <div class="page">
        <h3>子组件 2</h3>
        <p>{{ count }}</p>
    </div>
</template>

<script>
export default {
  data() {
    return {};
  },
  props: ["count"]
};
</script>

<style scoped>
.page {
  border: 1px solid #000;
  padding: 10px;
}
</style>
```

在浏览器中运行，初始显示效果如图 7.11 所示。

单击“传值到父组件”按钮之后的显示状态如图 7.12 所示。

兄弟组件之间的传值还是比较简单的，可以理解为父子组件之间的双向传值的结合使用，本质上是 props 和$emit 的综合使用。

图7.11　兄弟组件传值初始显示

图7.12　兄弟组件传值之后显示

任务 4　slot 分发内容

7.4.1　什么是 slot

slot 的官方定义是用于组件内容分发，简单通俗的解释就是在组件化开发中，虽然组件是一样的，但是在不同的使用场景，组件的某一部分需要有不同的内容显示（slot 还有一个形象的名字“插槽”）。slot 就好比组件开发时定义的一个参数（通过 name 值来区分），如果不传入值就当默认值使用，如果传入了新值，在组件调用时就会替换定义时的 slot 默认值。

slot 分为以下两类。

➢ 匿名 slot

➢ 具名 slot

7.4.2　匿名 slot

匿名 slot 从字面意思理解就是没有名字的插槽，特点是可以放任何内容。

首先设想一个弹出提示框的场景，提示框都包括头部、中间内容和底部三部分，一般情况下头部、底部都是固定不变的，改变的只是中间内容，中间内容可以任意放置。下面通过示例 11 来看一下匿名 slot 的使用。首先新建 popup 组件，在组件中写入以下代码。

示例 11

```
<template>
    <div class="page">
        <p>头部区域</p>
        <slot>如果没有分发内容，则显示默认提示</slot>
```

```
        <p>底部区域</p>
    </div>
</template>

<script>
export default {
  data() {
    return {};
  },
  components: {}
};
</script>

<style scoped>
</style>
```

在父组件中引用 popup 组件，代码如示例 12 所示。

示例 12

```
<template>
    <div class="hello">
        <popup>
            <h1>显示弹出框内容</h1>
        </popup>
    </div>
</template>

<script>
import popup from "./popup";

export default {
  name: "HelloWorld",
  data() {
    return {};
  },
  components: {
    popup
  }
};
</script>

<style scoped>
</style>
```

在浏览器中运行，初始显示效果如图 7.13 所示。

图7.13　匿名slot

7.4.3 具名 slot

讲解具名 slot 之前，先来设想一个场景，计算机主板上有各种插槽，有 CPU 的插槽，有显卡的插槽，有内存的插槽，有硬盘的插槽，不可能把显卡插到内存的位置上。具名 slot 就是每个 slot 都有名字，不能随意替换。

具名 slot 可以用一个特殊属性 name 来配置如何分发内容，多个 slot 可以有不同的名字，具名 slot 将匹配内容片段中有对应 slot 特性的元素。具名 slot 的使用请查看以下代码，首先新建 computer 组件，代码如示例 13 所示。

示例 13

```
<template>
    <div class="page">
        <computer>
            <div slot="CPU">Intel Core i7</div>
            <div slot="GPU">GTX980Ti</div>
            <div slot="Memory">Kingston 32G</div>
            <div slot="Hard-drive">Samsung SSD 1T</div>
        </computer>
    </div>
</template>

<script>
import computer from "./parts";
export default {
  data() {
    return {};
  },
  components: { computer }
};
</script>

<style scoped>
</style>
```

computer 部分的组件代码如示例 14 所示。

示例 14

```
<template>
    <div class="page">
        <slot name="CPU">这儿是 CPU 插槽</slot>
        <slot name="GPU">这儿是显卡插槽</slot>
        <slot name="Memory">这儿是内存插槽</slot>
        <slot name="Hard-drive">这儿是硬盘插槽</slot>
    </div>
</template>
```

```
<script>
export default {
  data() {
    return {};
  },
  components: {}
};
</script>

<style scoped>
</style>
```

在浏览器中运行，初始显示效果如图 7.14 所示。

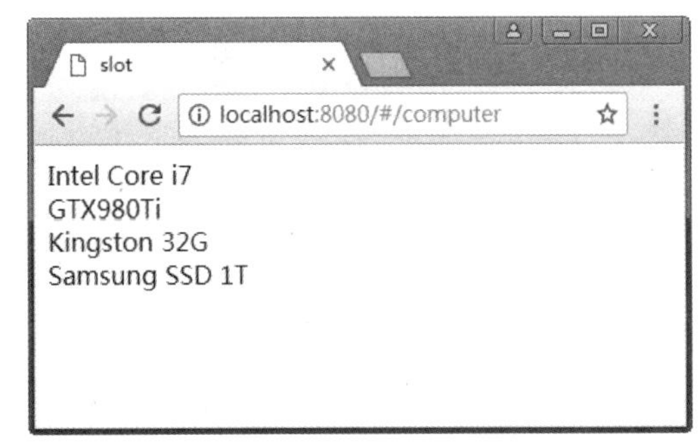

图7.14　具名slot

通过示例的显示效果可以知道，具名 slot 是根据 name 的属性值来判断放置位置的。

本章作业

利用父子组件的传值完成数量控制器的功能。

- 单击“增加 1”按钮的时候，对应数量会增加 1。
- 单击“减小 1”按钮的时候，对应数量会减小 1。

项目运行的页面效果如图 7.15 所示。

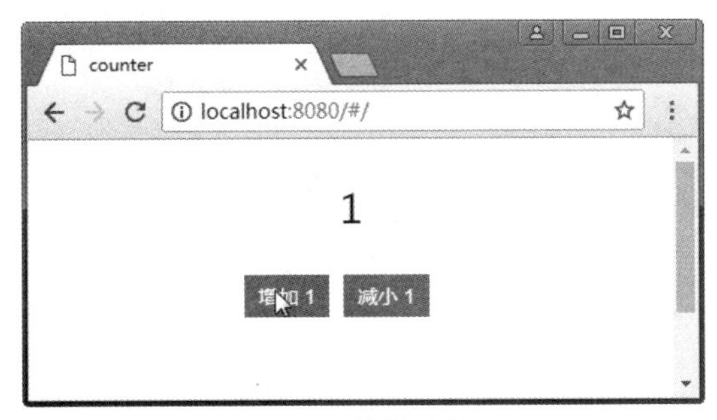

图7.15　数量控制器

注意

为了方便读者验证答案，提升专业技能，请扫描二维码获取本章作业答案。

第8章

计算属性和侦听器

本章任务

任务1：计算属性
任务2：侦听器

技能目标

❖ 了解计算属性的使用场景
❖ 掌握利用计算属性进行简单运算
❖ 掌握利用侦听器来响应数据变化

本章知识梳理

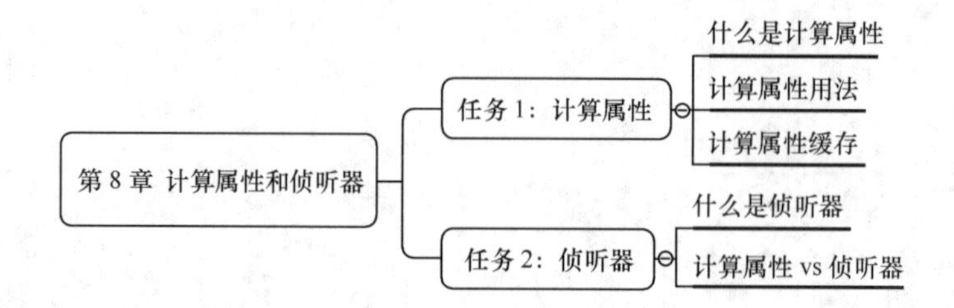

本章简介

模板内的表达式常用于简单的运算，当其过长或逻辑过复杂时，会难以维护。本章的计算属性就用于解决该问题。Vue 通过 watch 选项提供了一个更通用的方法来响应数据的变化。当需要在数据变化时执行异步或开销较大的操作，这个方式是最有效的。

预习作业

简答题

（1）简述计算属性的使用场景。

（2）简述侦听器的使用场景。

（3）简述计算属性与侦听器的区别。

任务 1 计算属性

8.1.1 什么是计算属性

首先通过一个示例来介绍计算属性，需求是把一个字符串倒序显示，具体代码如示例 1 所示。

示例 1

```
<template>
  <div class="hello">
    <h1>{{ msg }} 转为 {{ msg.split('').reverse().join('') }}</h1>
  </div>
</template>

<script>
export default {
  data() {
    return {
```

```
            msg: "helloworld"
        };
    }
};
</script>

<style scoped>
</style>
```

在浏览器中的显示效果如图 8.1 所示。

图8.1　字符串倒序

通过图 8.1 可知，在插值表达式中通过调用一系列的字符串方法，把原本的"helloworld"字符串进行了倒序显示。再来看一下示例 1 的代码，如果插值表达式中的代码过长或者逻辑较为复杂，就会变得臃肿不堪甚至难以阅读和维护，所以在遇到复杂的逻辑时官方不推荐使用插值表达式，而是使用计算属性把逻辑复杂的代码进行分离。下面使用计算属性改写示例 1 代码，具体代码如示例 2 所示。

示例 2

```
<template>
    <div class="hello">
        <h1>计算属性: {{ reversedMsg }} </h1>
    </div>
</template>

<script>
export default {
    data() {
        return {
            msg: "helloworld"
        };
    },
computed: {
reversedMsg: function() {
            return this.msg.split('').reverse().join('');
        }
    }
```

```
};
</script>

<style scoped>
</style>
```

示例 2 在浏览器中的显示效果如图 8.2 所示。

图8.2　计算属性改写

通过浏览器中的显示可以看到，利用计算属性依然可以完成字符串的倒序显示，计算属性可以分离逻辑代码，使代码的易维护性增强。以后遇到逻辑较为复杂的代码，均可使用计算属性进行分离。另外，所有的计算属性都以函数的形式写在 Vue 实例的 computed 选项内，最终返回计算后的结果。

8.1.2　计算属性用法

在一个计算属性里可以完成各种复杂的逻辑，包括运算、函数调用等，只要最终返回一个结果就可以。除了示例 2 中的简单用法外，计算属性还可以依赖多个 Vue 实例的数据，只要其中任何一个数据变化，计算属性就会重新执行，视图也会更新。下面通过购物车商品总价的示例来展示，具体代码如示例 3 所示。

示例 3

```
<template>
    <div class="page">
        <h1>总价：{{ prices }}</h1>
    </div>
</template>

<script>
export default {
   data() {
      return {
         package1: [
            {
               name: "iphone 8",
               price: 5688,
```

```
                count: 1
            },
            {
                name: "ipad",
                price: 2888,
                count: 1
            }
        ],
        package2: [
            {
                name: "apple",
                price: 3,
                count: 5
            },
            {
                name: "banana",
                price: 6,
                count: 3
            }
        ]
    };
  },
  computed: {
    prices: function() {
      var prices = 0;
      for (var i = 0; i < this.package1.length; i++) {
        prices += this.package1[i].price * this.package1[i].count;
      }
      for (var i = 0; i < this.package2.length; i++) {
        prices += this.package2[i].price * this.package2[i].count;
      }
      return prices;
    }
  }
};
</script>

<style scoped>
</style>
```

在浏览器中的显示效果如图 8.3 所示。

通过浏览器中的显示情况可知，已经得到了购物车内两个包裹的物品总价。package1 或 package2 中的商品有任何变化，比如购买数量变化或增删商品，计算属性 prices 就会自动更新，视图中的总价也会自动变化。

图8.3　购物车

上一章曾提到过业务中经常遇到的两种需要改变 props 的情况，第二种情况就在这里讲解，即 prop 作为需要被转变的原始值传入，这时使用计算属性就可以了。下面通过代码演示具体的用法。父组件代码如示例 4 所示。

示例 4

```
<template>
    <div class="page">
        <Child :width="200"></Child>
    </div>
</template>

<script>
import Child from "./child";
export default {
  data() {
    return {};
  },
  components: {
    Child
  }
};
</script>

<style scoped>
</style>
```

子组件代码如示例 5 所示。

示例 5

```
<template>
    <div :style="style" class="page">
        组件内容
    </div>
</template>

<script>
export default {
```

```
    data() {
        return {};
    },
    props: ["width"],
    computed: {
        style: function() {
            return {
width: this.width + "px"
            };
        }
    }
};
</script>

<style scoped>
.page {
    border: 1px solid #000;
}
</style>
```

在浏览器中的显示效果如图 8.4 所示。

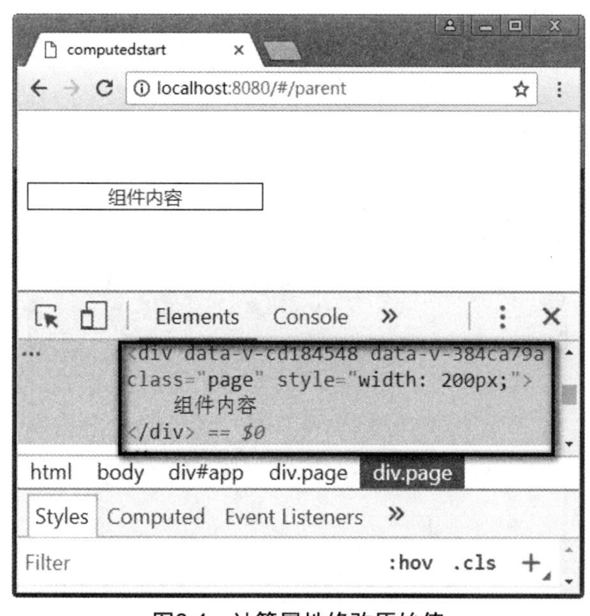

图8.4　计算属性修改原始值

因为在传递宽度的时候要带单位（px），但每次都写太麻烦，而且数值的计算一般都不带单位，所以统一在组件内使用计算属性实现。

8.1.3　计算属性缓存

结合前面对于事件的介绍，发现调用 methods 里的方法也可以与计算属性起到同样的作用，比如这里把示例 2 使用 methods 改写，改写之后的代码如示例 6 所示。

示例 6

```
<template>
  <div class="hello">
    <!-- 注意：这里的 reversedMsg 是方法，需要带() -->
    <h1>methods 改写: {{ reversedMsg() }} </h1>
  </div>
</template>

<script>
export default {
  data() {
    return {
      msg: "helloworld"
    };
  },
  methods: {
    reversedMsg: function() {
        return this.msg.split('').reverse().join('');
    }
  }
};
</script>

<style scoped>
</style>
```

在浏览器中的显示效果如图 8.5 所示。

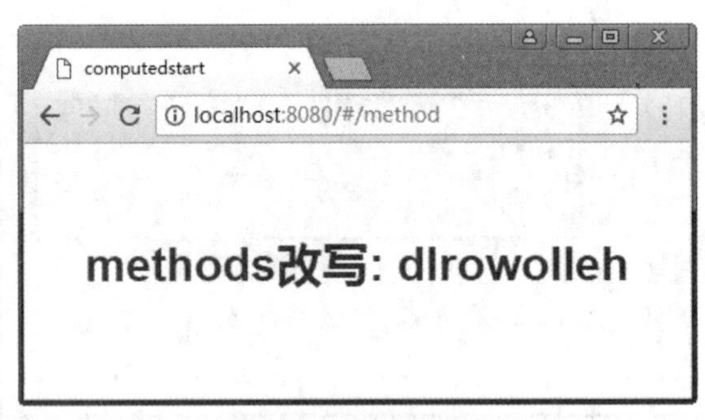

图8.5 methods改写

通过上面的改写，没有使用计算属性，而是在 methods 里定义了一个方法来实现相同的效果，甚至该方法还可以接受参数，使用起来更加灵活。既然使用 methods 就可以实现，为什么还需要计算属性呢？原因就是计算属性是基于它的依赖缓存的，一个计算属性所依赖的数据发生变化，它才会重新取值，所以 msg 只要不改变，计算属性就不更新。但是 methods 不同，只要重新渲染，它就会被调用，函数就会被执行。

究竟是使用计算属性还是 methods 取决于是否需要缓存，当遍历大数组和计算量很大时，应当使用计算属性，除非不希望得到缓存。

8.1.4　上机训练

上机练习 —— 购物车

需求说明

- 实现页面基本布局。
- 当单击“+”按钮时，对应商品的数量增加，当单击“–”按钮时，对应商品的数量减少，当数量减少到 1 时，“–”按钮无法再进行单击操作。
- 每个对应商品后面都有一个“移除”按钮，当单击“移除”按钮时，当前商品列表项会被删除，页面效果如图 8.6 所示。

图8.6　购物车

任务 2　侦听器

8.2.1　什么是侦听器

Vue 提供了一种更通用的方式来观察和响应 Vue 实例上的数据变动，称为侦听器。当一些数据需要随着其他数据变动而变动时，可能会很容易滥用 watch。下面通过代码来讲解一下侦听器的使用，具体代码如示例 7 所示。

示例 7

```
<template>
    <div class="hello">
        <input type="text" v-model="firstName">
        <input type="text" v-model="lastName">
```

```
        <h1>{{ fullName }}</h1>
    </div>
</template>

<script>
export default {
    data() {
        return {
            firstName: "Foo",
            lastName: "Bar",
            fullName: "Foo Bar"
        };
    },
    watch: {
            firstName: function(val) {
            this.fullName = val + "" + this.lastName;
        },
            lastName: function(val) {
            this.fullName = this.firstName + "" + val;
        }
    }
};
</script>

<style scoped>
</style>
```

在浏览器中的显示效果如图 8.7 所示。

改变输入框内的值之后的显示如图 8.8 所示。

图8.7　watch初始显示情况

图8.8　改变值之后的显示状态

8.2.2　计算属性 vs 侦听器

示例 7 中的代码是命令式且重复的，将它使用计算属性修改之后进行比较，代码如示例 8 所示。

示例 8

```
<template>
    <div class="hello">
        <input type="text" v-model="firstName">
        <input type="text" v-model="lastName">
        <h1>{{ fullName }}</h1>
    </div>
</template>

<script>
export default {
  data() {
    return {
      firstName: "Foo",
      lastName: "Bar"
    };
  },
  computed: {
    fullName: function() {
      return this.firstName + "" + this.lastName;
    }
  }
};
</script>

<style scoped>
</style>
```

改变输入框内的值之后的显示如图 8.9 所示。

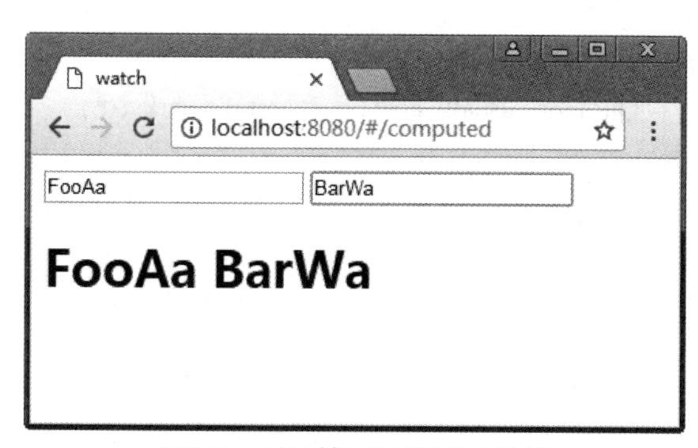

图8.9　用计算属性改写后效果

使用计算属性改写之后感觉代码更简洁了。那为什么还要使用侦听器呢？虽然计算属性在大多数情况下更合适，但有时也需要一个自定义的侦听器。这就是为什么 Vue 通过 watch 选项提供了一个更通用的方法来响应数据的变化。当需要在数据变化时执行异步或开销较大的操作，这个方式是最有用的。通过示例 9 来具体了解一下。

示例 9

```
<template>
    <div class="page">
        <p>
            Ask a yes/no question:
            <input v-model="question">
        </p>
        <p>{{ answer }}</p>
    </div>
</template>

<script>
export default {
  data() {
    return {
      question: "",
      answer: "I cannot give you an answer until you ask a question!"
    };
  },
  watch: {
    // 如果 question 发生改变，这个函数就会运行
    question: function(newQuestion, oldQuestion) {
      this.answer = "Waiting for you to stop typing...";
      this.getAnswer();
    }
  },
  methods: {
    getAnswer: function() {
      if (this.question.indexOf("?") === -1) {
        this.answer = "Questions usually contain a question mark. ;-)";
        return;
      }
      this.answer = "Thinking...";
      var vm = this;
      this.$http
        .get("https://yesno.wtf/api")
        .then(function(response) {
          vm.answer =response.data.answer;
        })
        .catch(function(error) {
          vm.answer = "Error! Could not reach the API. " + error;
        });
    }
```

```
    }
};
</script>

<style scoped>
</style>
```

在浏览器中运行，当输入没有“？”时，显示效果如图 8.10 所示。

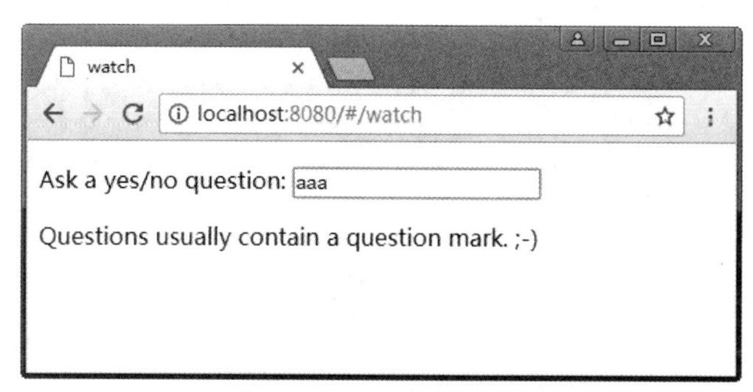

图8.10　watch应用（1）

当输入有“?”时，会输出“yes”或者“no”，显示效果如图 8.11 所示。

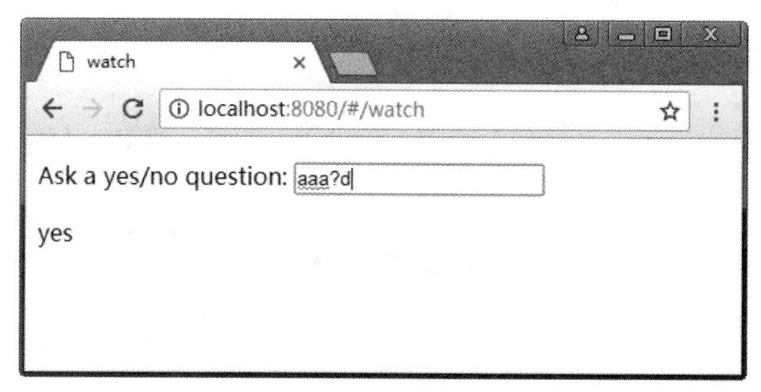

图8.11　watch应用（2）

本章作业

实现简易分页器

- 定义简易分页组件的基本布局。
- 如果当前是第一页，“上一页”按钮不显示，总共 15 页内容，当页数为 15 页时，“下一页”按钮不显示。
- 当单击“上一页”按钮或者“下一页”按钮的时候可以实现前往上一页或者下一页，运行项目的页面效果如图 8.12 至图 8.14 所示。

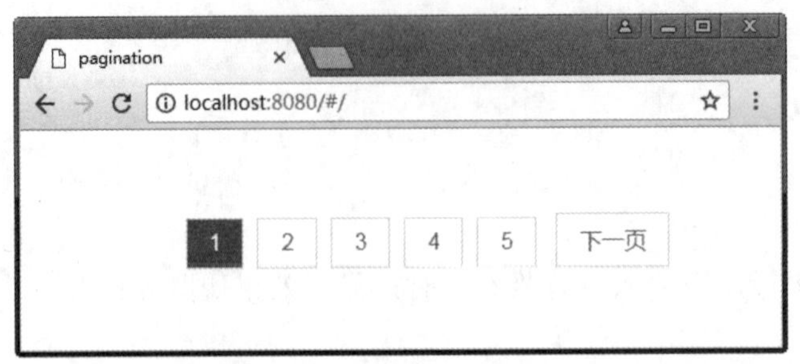

图8.12　简易分页器（1）

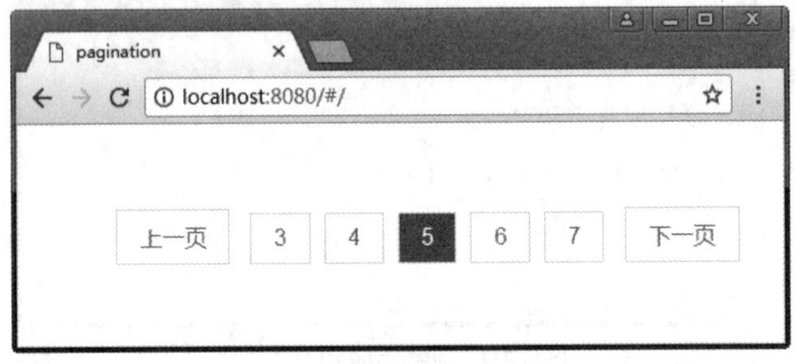

图8.13　简易分页器（2）

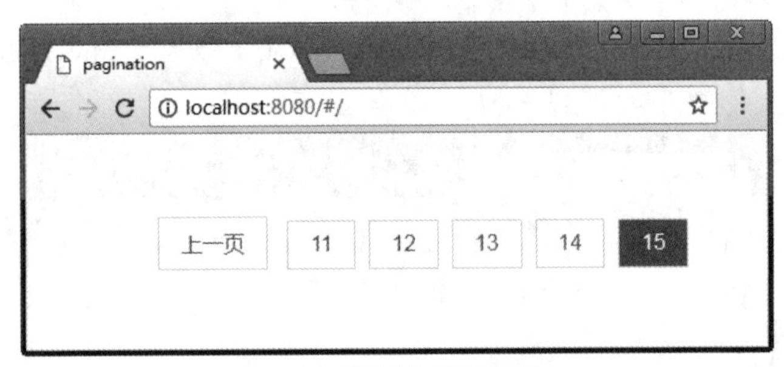

图8.14　简易分页器（3）

为了方便读者验证答案，提升专业技能，请扫描二维码获取本章作业答案。

第 9 章

大觅项目中插件的使用

本章任务

任务 1：百度地图插件
任务 2：状态管理与 Vuex
任务 3：二维码插件

技能目标

❖ 掌握在 Vue 项目中使用百度地图插件
❖ 掌握使用 Vuex 进行状态管理
❖ 掌握二维码插件使用

本章知识梳理

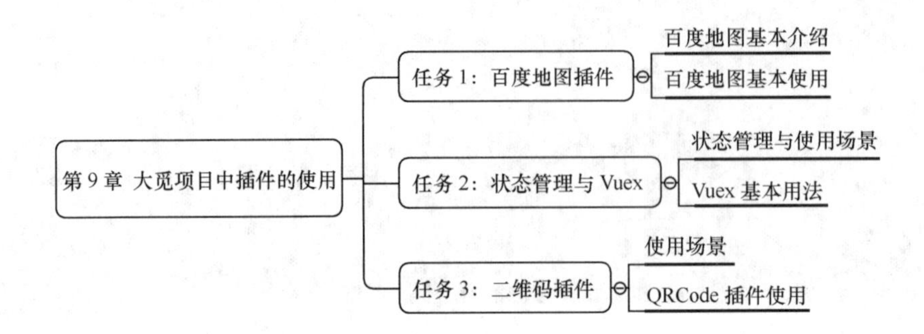

本章简介

项目中一般都会有一些特殊的业务场景，需要使用插件来实现。例如大觅项目中显示剧场位置的场景，就需要借助地图插件来实现，这里选择百度地图插件。再如，支付业务中有微信扫码支付，生成二维码的功能也需要借助插件来实现。还有一种场景，需要在页面级别的组件之间共享数据状态，可以选择 Vuex 插件实现，Vuex 可以更好地管理和维护整个项目的数据状态。

预习作业

简答题

（1）简述百度地图插件的使用步骤。

（2）简述 Vuex 插件的使用场景。

（3）简述二维码插件的使用步骤。

任务 1 百度地图插件

9.1.1 百度地图基本介绍

百度地图 JavaScript API 是一套用 JavaScript 语言编写的应用程序接口，可以帮助用户在网站中构建功能丰富、交互性强的地图应用，支持 PC 端和移动端基于浏览器的地图应用开发，以及支持 HTML5 特性的地图应用开发。

百度地图 JavaScript API 支持 HTTP 和 HTTPS，免费对外开放，可直接使用。接口使用无次数限制。但自 v1.5 版本起，需要先申请密钥（ak）才可使用。

提示

首先通过DEMO案例来看一下利用百度地图 JavaScript API 都可以开发哪些内容，具体 DEMO 详情请查看以下链接：http://lbsyun.baidu.com/jsdemo.htm#a1_2。

9.1.2　百度地图基本使用

大觅项目中使用的百度地图版本是 JavaScript API v2.0，关于百度地图的基本使用在官方网站有详细的介绍，可参考以下链接：http://lbsyun.baidu.com/index.php?title=jspopular。

提示

JavaScript API v3.0 是在 v2.0 的基础上进行开发的，并针对 2.0 的一些接口进行了升级，为开发者提供更完善的服务。v3.0 的绝大部分接口向下兼容，开发者仅需要修改版本参数（v=3.0）就可以切换到 JavaScript API v3.0 版本。

具体的版本差异请参考以下链接：http://lbsyun.baidu.com/index.php?title=jspopular3.0/guide/usage。

接下来具体看一下百度地图的使用步骤。

1. **申请密钥**

百度地图的使用需要一个专属的密钥（ak）作为路径。具体申请流程如图 9.1 所示。

1 注册百度账号 → 2 申请成为百度开发者 → 3 获取服务密钥（ak） → 4 使用相关服务功能

图9.1　ak申请流程

通过图 9.1 可知，在申请 ak 之前，首先要注册百度的账号（注册地址：https://passport.baidu.com/v2/），然后要申请成为百度开发者。完成以上两步之后才能去获取 ak 密钥。申请注册的步骤很简单，只需按照提示申请即可，这里不再讲解。

2. **引入**

首先声明项目是使用 Vue 框架开发，百度地图只是其中的一个功能模块。要想使用百度地图插件，首先要做的便是将地图插件引入到大觅项目中。在大觅项目的根目录的 index.html 中利用 script 标签引入，代码如下：

```
<script src='http://api.map.baidu.com/api?v=2.0&ak=你的密钥&callback=init'></script>
```

解释一下引入代码，v=2.0 是版本，ak 则是刚才申请到的密钥，callback 回调初始化地图方法。

3. 地图的业务逻辑

在大觅项目中使用百度地图之前，首先梳理一下使用百度地图的业务逻辑。在商品列表页中，每个票务列表都有相应的剧院地址，当单击剧院地址的时候，希望调用地图组件显示当前剧院的地图信息，地图要以弹窗的形式显示，并且当前剧院的具体信息要以标注的形式显示在地图上，具体显示情况如图 9.2 所示。

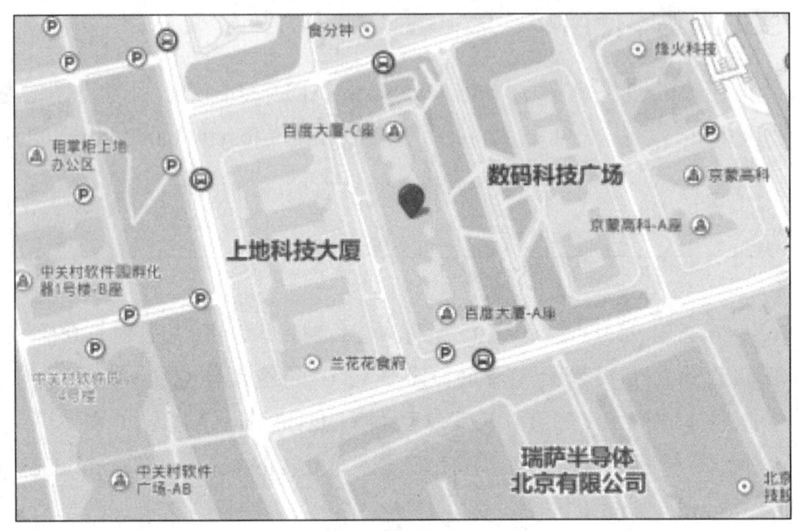

图9.2　地图标注展示

4. 地图组件开发

接下来看一下地图组件的开发，代码如示例 1 所示。

示例 1

```
<template>
    <div id="page"></div>
</template>

<script>
export default {
  data() {
    return {};
  },
  components: {},
  props: ["mapitem"],
  updated() {
    this.mapdata();
  },
  methods: {
    mapdata() {
      // 创建地图实例
```

```
            var map = new BMap.Map("page");
            // 创建点坐标
            var point = new BMap.Point(this.mapitem[0],this.mapitem[1]);
            // 初始化地图，设置中心点坐标和地图级别
            map.centerAndZoom(point, 15);
            //map.panTo(point);//这个没起作用
            // 创建标注
            var initMarker = new BMap.Marker(point);
            // 向地图中添加单个覆盖物时会触发此事件
            map.addOverlay(initMarker);
            // 开启标注拖曳功能
            initMarker.enableDragging();
            // 将标注点移动到中心位置
            /* panBy:将地图在水平位置上移动 x 像素，垂直位置上移动 y 像素。如果指定的像素大于
            可视区域范围或者在配置中指定没有动画效果，则不执行滑动效果 */
            map.panBy(350, 225);
            // 添加地图默认控件
            map.addControl(new BMap.NavigationControl());
            //开启鼠标滚轮缩放
            map.enableScrollWheelZoom(true);
        }
    }
};
</script>

<style scoped>
#page {
  width: 700px;
  height: 450px;
}
</style>
```

在列表页中调用地图组件，浏览器中的显示效果如图 9.3 所示。

分析一下地图组件代码，在模板部分要定义一个容器，用于放置渲染的地图。地图组件的样式部分需要定义放置地图容器的大小。地图组件的 JavaScript 部分是地图组件的核心，下面来分析具体的实现思路。

首先 data 和 components 并没有用到，地图组件本身是功能性组件，并不涉及复杂的业务内容，所以逻辑十分简单，就是父组件会把当前剧院的经度、纬度传给子组件，子组件在接收到经纬度之后渲染当前剧院的地图信息。

props 属性用于接收父组件传递的剧院的经纬度信息，当单击不同剧院时，会把剧院的经纬度传递给子组件，子组件通过 props 属性来接收传递的经纬度信息。这里还用到了 Vue 的生命周期函数 updated，组件更新之后调用地图的方法，根据传递的经纬度去渲染地图信息。

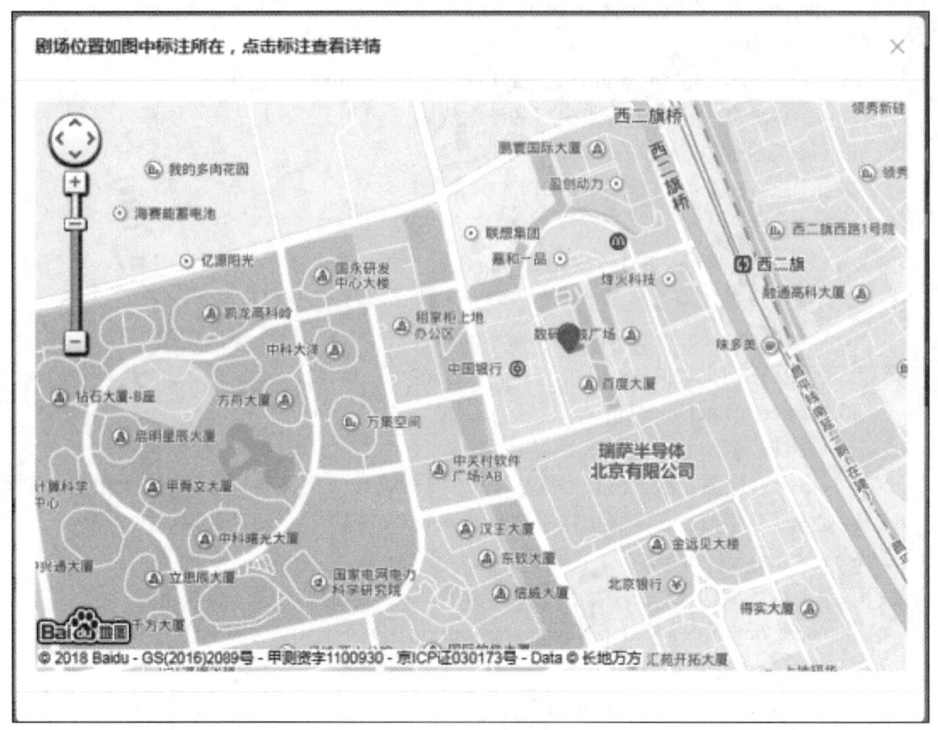

图9.3　地图组件

提示

具体的代码这里不做过多介绍，每一步的代码注释都写得很详细，对于更多地图的使用方法，可以去查看相关的地图 API 的介绍。在使用过程中，肯定是对应功能去找方法实现，在实现的时候若对一些地图的方法有疑问，可以去查找相关方法的详细说明，另外也可能在地图 API 的方法和其他框架搭配使用时遇到一些问题，也需要去查找相关的方法完成兼容性处理。可以说 API 方法伴随着使用地图插件的整个过程，所以关于 API 一定要去参考，这对地图组件的使用是很有帮助的。

9.1.3　上机训练

上机练习 —— 百度地图基本使用

需求说明

- 利用 Vue-cli 新建 vue 项目。
- 在项目中引用百度地图插件并使用百度地图添加标注等。
- 单击标注点，可查看由文本等构成的复杂型信息窗口，页面效果如图 9.4 所示。

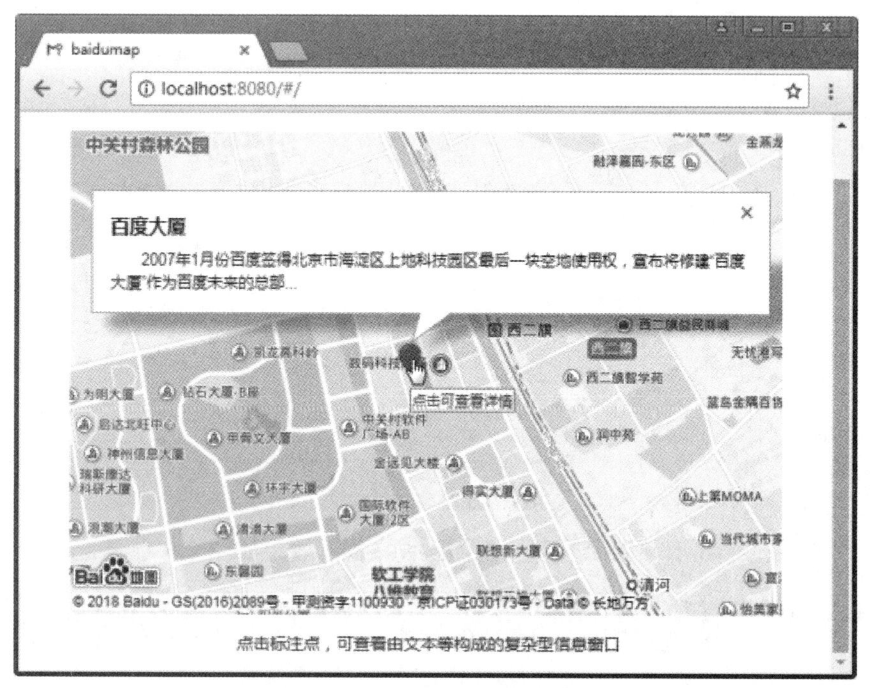

图9.4　百度地图基本使用

任务 2　状态管理与 Vuex

9.2.1　状态管理与使用场景

一个组件可以分为数据（Model）和视图（View）两部分。数据更新时，视图也会随之更新。在视图中又可以绑定一些事件，用于触发 methods 里指定的方法，从而可以改变数据、更新视图，这是一个组件基本的运行模式。下面通过代码来看一下，如示例 2 所示。

示例 2

```
<template>
    <div class="hello">
        <h1>{{ msg }}</h1>
        <button @click="handleClick">Change word</button>
    </div>
</template>

<script>
export default {
  data() {
    return {
```

```
                msg: "Hello World."
            };
        },
        methods: {
            handleClick() {
                this.msg = "Hello Vue.";
            }
        }
    };
</script>

<style scoped>
</style>
```

在浏览器中运行项目，显示效果如图 9.5 所示。

单击“Change word”按钮之后，浏览器中的显示效果如图 9.6 所示。

图9.5　Vuex引入（1）

图9.6　Vuex引入（2）

这里的数据 msg 和方法 handleClick 只有在当前组件中可以访问和使用，其他的组件是无法读取和修改的。但是在实际的业务中，经常有跨组件共享数据的需求，Vuex 就是设计用来统一管理组件状态的，它定义了一系列规范来使用和操作数据，使组件的应用更加高效。

使用 Vuex 会有一定的门槛和复杂性。它的主要使用场景是大型的单页面应用，更适合多人协作的开发。如果项目不是很复杂，或者希望短期内见效，便需要考虑是否真的有必要去使用 Vuex。当然也不是所有的大型多人协同开发的 SPA 项目都需要使用 Vuex，事实上使用与否主要取决于团队和技术储备情况。

每一个框架的诞生都是用来解决具体问题的。当然也存在其他的方法可以解决跨组件共享数据问题，但是 Vuex 却能更优雅和高效地完成状态管理。

9.2.2　Vuex 基本用法

在使用 Vuex 插件之前首先要做的便是插件的安装。安装命令：cnpm install vuex --save，它的用法和 Vue Router 类似，也需要先导入，然后调用 Vue.use()使用。

先通过官方提供的一个计数器的示例来引入 Vuex 的使用，具体实现步骤如下，在 src 文件夹下新建 store 文件夹，意思为数据仓库，里面存放了整个项目需要的共享数据，在 store 下新建 index.js，内部代码如示例 3 所示。

示例 3

```
import Vue from 'vue'
import Vuex from 'vuex'
Vue.use(Vuex)

export default new Vuex.Store({
    // state 存放所有的共享数据
    state: {
        count: 0
    },
    // 状态的变化
    mutations: {
      increment: state => state.count++,
      decrement: state => state.count--
    }
})
```

下面需要在 main.js 中引入 store 数据源，并在 Vue 实例中使用，main.js 的代码如示例 4 所示。

示例 4

```
import Vue from 'vue'
import App from './App'
import store from '@/store'
import router from './router'

Vue.config.productionTip = false

/* eslint-disable no-new */
new Vue({
  el: '#app',
  router,
 store,
  components: { App },
  template: '<App/>'
})
```

接下来在 components 文件夹下新建父组件，并写入以下代码，具体如示例 5 所示。

示例 5

```
<template>
    <div class="page">
        <p>{{ count }}</p>
        <p>
            <button @click="increment">+</button>
            <button @click="decrement">-</button>
```

```
        </p>
    </div>
</template>

<script>
export default {
    data() {
        return {};
    },
    computed: {
        count() {
            return this.$store.state.count;
        }
    },
    methods: {
        // 改变 store 中的状态的唯一途径就是显式地提交 (commit) mutation
        increment() {
            this.$store.commit("increment");
        },
        decrement() {
            this.$store.commit("decrement");
        }
    }
};
</script>

<style scoped>
</style>
```

在浏览器中运行项目，初始显示效果如图 9.7 所示。

当点击“+”按钮的时候，显示效果如图 9.8 所示。

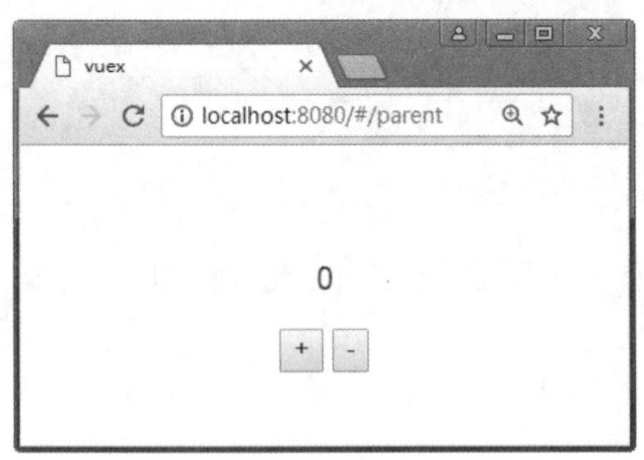

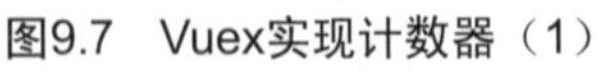
图9.7　Vuex实现计数器（1）

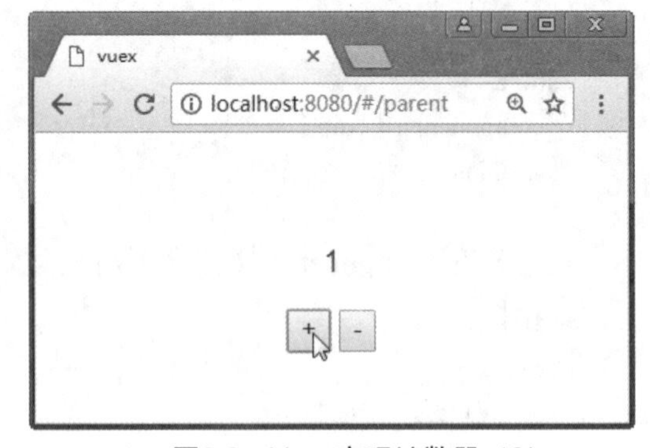

图9.8　Vuex实现计数器（2）

当点击“-”按钮的时候，显示效果如图 9.9 所示。

通过图 9.7 至图 9.9 的显示可知，引入 Vuex 之后统一对共享数据进行管理存放，在各个页面中可以利用 commit 方法提交 mutation 对共享数据进行修改。

在大觅项目中需要 Vuex 统一管理的数据主要是登录状态的数据，举例说一下，在购票业务中，未登录的情况下，如果想去购票肯定要提示用户先登录。整个项目的多个页面都会共享登录状态的信息，也即用户的唯一标识码 token。通过 Vuex 来存储这些状态信息会很容易拿到 token 值，方便后续操作的进行。下面提供核心代码，具体如示例 6 所示。

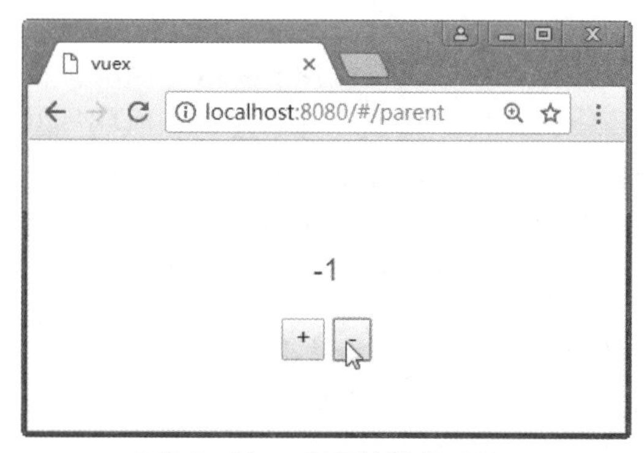

图9.9　Vuex实现计数器（3）

示例 6

```
const state = {
  // 用户登录信息
  sLoginInfo: loginInfo
}

const mutations = {
  // 登录
  mLogin: (state, loginInfo) => {
    loginInfo.extTime -= 0
    loginInfo.genTime -= 0
    state.sLoginInfo = loginInfo
    window.localStorage.setItem(storageKey, JSON.stringify(loginInfo))
  },
  // 退出
  mLogout: (state) => {
    state.sLoginInfo = {}
    window.localStorage.removeItem(storageKey)
  }
}
export default new Vuex.Store({
  state,
  mutations
})
```

通过上面的核心代码可知，项目中只是用到了 Vuex 中的部分关键点，关于更多的

Vuex 的知识，读者可以到 Vuex 的官方网站进行学习。

任务 3 二维码插件

9.3.1 使用场景

当今是移动支付的时代，而微信支付在移动支付中占据非常重要的地位。在微信支付场景中，就需要调用二维码插件来生成二维码。首先梳理一下微信支付的流程。

（1）在确定使用微信支付的时候，会把当前订单的订单号发送给后台开发人员。

（2）后台开发人员后利用订单号去数据库中查询订单信息，比如商品名称、订单金额等，还有一些微信官方要求的信息，整合这些信息之后后台开发人员会将这些数据发送给微信官方，微信官方接收到数据请求之后，返回一个携带了支付必要信息的链接给后台开发人员。

（3）后台开发人员将微信官方提供的字符链接返回给前台，利用二维码插件将这个链接生成二维码展示到页面中，用户使用微信扫描二维码便可以进行支付了。

通过上述梳理了解到，主要技术点还是微信二维码生成插件的使用。下面介绍二维码插件的具体使用，市面上有很多二维码生成插件，这里介绍一款比较常用的功能插件——QRCode。

9.3.2 QRCode 插件使用

首先应该安装插件，运行以下命令：cnpm install qrcode --save。因为此插件在项目上线之后依然要使用，所以要使用--save 进行安装。具体代码如示例 7 所示。

示例 7

```
<template>
    <div class="hello">
        <!-- 生成二维码区域 -->
        <canvas id="canvas"></canvas>
    </div>
</template>

<script>
import Vue from "vue";
// 引入 qrcode 插件
import QRCode from "qrcode";
Vue.use(QRCode);
export default {
  data() {
    return {};
```

```
    },
    mounted() {
      // 组件挂载的时候，调用生成二维码函数
      this.useqrcode();
    },
    methods: {
      useqrcode() {
        // 盛放二维码的容器
        var canvas = document.getElementById("canvas");
        // 调用函数去生成二维码，参数依次为：盛放的容器、要生成的内容、回调函数
        QRCode.toCanvas(canvas, "http://www.baidu.com", function(error) {
          if (error) {
            console.error(error);
          } else {
            // 成功之后可回调的函数
            // console.log("success!");
          }
        });
      }
    }
  };
</script>

<style scoped>
</style>
```

在浏览器中运行项目，效果如图 9.10 所示。

图9.10 QRCode插件使用

二维码插件的使用方法比较简单，通过示例 7 代码可知，只需要用微信官方提供的链接替换示例 7 中的百度链接即可，生成二维码之后，用户使用微信扫描便可完成支付。

本章作业

完成多关键字检索

- 使用 Vue-cli 脚手架搭建项目框架。
- 在项目中引入百度地图插件，并且利用百度地图插件在 HelloWorld 组件中完成多关键字检索功能。
- 单击地图下方的列表项目，在地图上可以定位对应标注，显示当前列表的信息，项目运行的页面效果如图 9.11 所示。

图9.11 多关键字检索

注意

为了方便读者验证答案，提升专业技能，请扫描二维码获取本章作业答案。

第10章 大觅项目总结

本章任务

任务1：大觅项目起步
任务2：梳理大觅项目技能点

技能目标

❖ 掌握大觅项目起步
❖ 掌握大觅项目覆盖的技能点

本章知识梳理

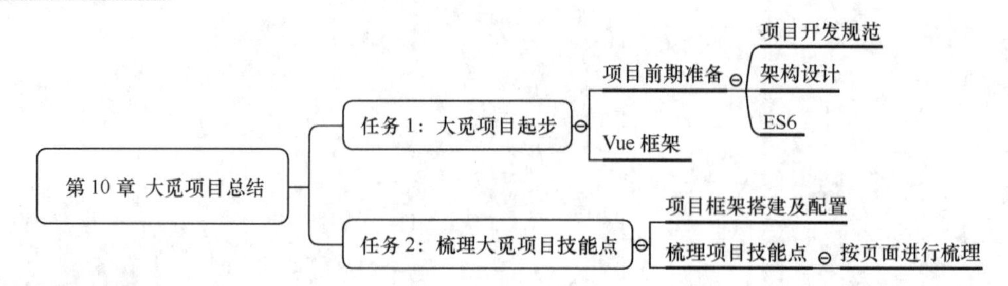

本章简介

完成了第 1 章到第 9 章的学习，想必读者对于项目框架设计、ECMAScript6 以及 Vue 框架本身的内容都有了比较深刻的认识。本章会对之前的内容进行总结归纳，按照页面对大觅项目进行技能点梳理，具体了解项目中每一个页面技能点的分布情况。

预习作业

简答题

（1）简述大觅项目的前期准备。

（2）简述大觅项目的技能点覆盖。

（3）简述大觅项目每个页面使用的技能点。

任务 1 大觅项目起步

10.1.1 项目前期准备

1. 项目开发规范

一个项目的开发通常都由多个开发人员合作完成，所以在开发项目之前项目开发规范的制订就显得尤为重要。制订项目开发规范的目的可以归纳为以下几点。

- 提高团队协作效率，实现代码一致性。
- 通过代码风格的一致性，降低代码的维护成本以及改善多人协作的效率。
- 方便新加入的成员快速上手。
- 输出高质量的代码。
- 同时遵守最佳实践，确保页面性能得到最佳优化和高效的代码。

项目开发规范文档

2. 架构设计

项目架构设计还是比较复杂的，包含的内容也比较多。图 10.1 对架构设计部分做了归纳总结。

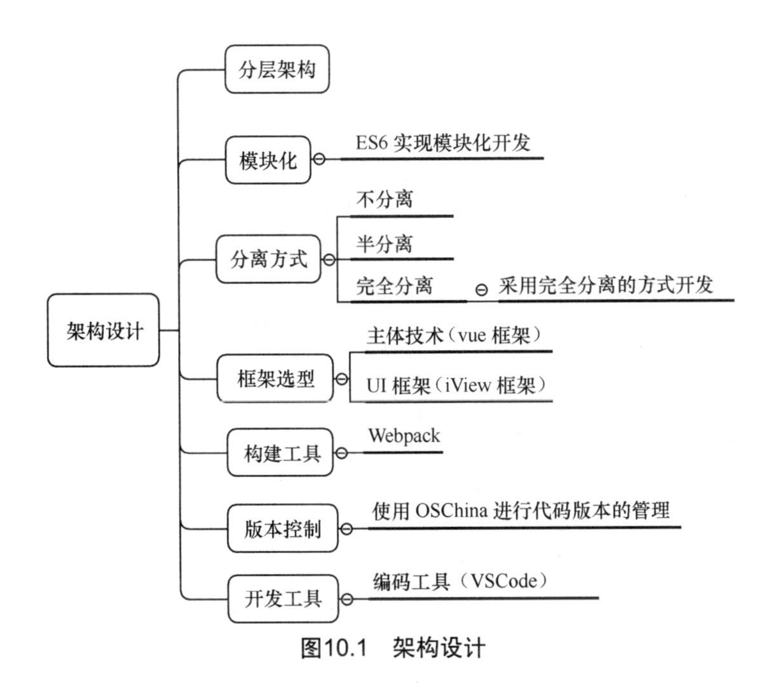

图10.1　架构设计

关于架构设计内部更为详细的内容这里不再介绍，读者可查阅第 1 章“大觅项目架构设计”。

提示

使用 OSChina 进行代码版本管理的内容可以使用微信扫描二维码获得使用文档。

OSChina 使用文档

3. 大觅项目中使用的 ECMAScript6

ECMAScript 6（简称 ES6）是 JavaScript 语言的下一代标准，它的目标是使 JavaScript 语言可以用来编写复杂的大型应用程序，成为企业级开发语言。当然在大觅项目中也使用了部分的 ES6 语法。图 10.2 总结了大觅项目中有关 ES6 的技能点。

ES6 在企业级开发中的使用越来越频繁，而且和前端流行框架的使用结合紧密，所以 ES6 需要重点掌握。

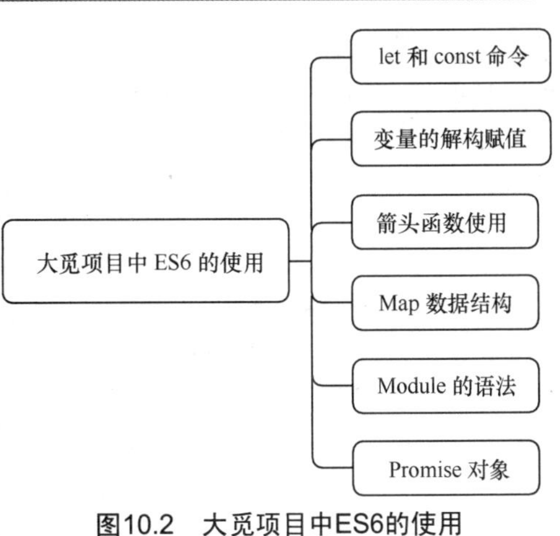

图10.2　大觅项目中ES6的使用

10.1.2 Vue 框架

大觅项目使用 Vue 框架进行开发，下面来梳理一下大觅项目中使用到的 Vue 框架中的技能点，如图 10.3 所示。

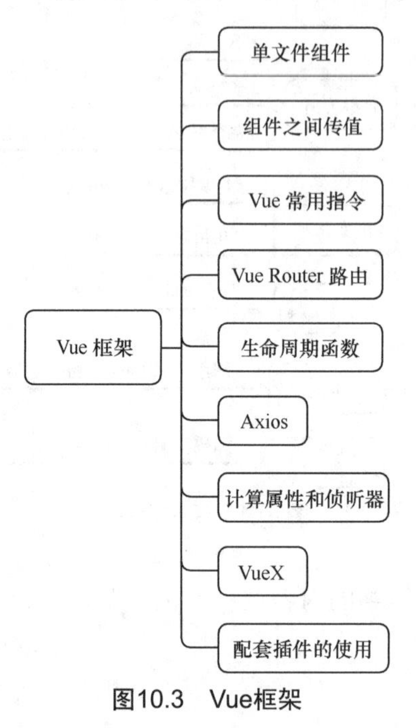

图10.3 Vue框架

任务 2 梳理大觅项目技能点

10.2.1 项目框架搭建及配置

项目框架搭建及配置包括基础模块的开发，其中又包含公共样式的引入以及共用组件的抽取。下面通过图 10.4 来看一下项目框架搭建及配置的内容。

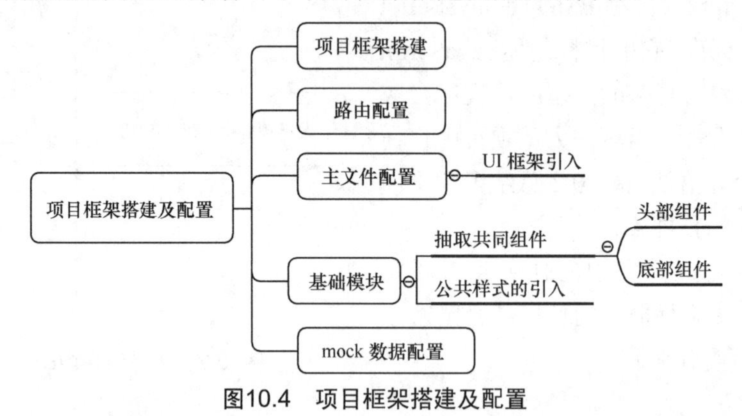

图10.4 项目框架搭建及配置

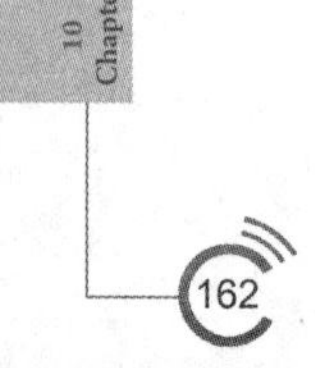

10.2.2　梳理项目技能点

在梳理大觅项目技能点之前，有必要把大觅项目展示一下，由于截图展示并不友好，可以通过微信扫描下方二维码，获得大觅项目的项目截图以供参考，另外还有项目接口定义文档在这里也会统一提供，利用接口定义文档可以自行模拟数据进行页面展示。

在梳理项目中各个页面特有的技能点之前，先来看一下大觅项目的目录结构图，如图 10.5 所示。

```
|- dm
   |- build (项目构建(webpack)相关代码)
   |- config (构建配置目录)
   |- node_modules (依赖的node工具包目录)
   |- API-Schema (页面接口API数据)
   |- mock (存放模拟数据)
   |- src (源码目录)
      |- assets (资源目录)
      |- components (组件目录)
      |- common (共用方法)
      |- http (请求方法封装)
      |- pages (项目页面目录)
      |- store (共用数据仓库)
      |- router (路由配置目录)
      |- App.vue (页面级Vue组件)
      |- main.js (页面入口JS文件)
   |- static (静态文件目录,比如一些图片, json数据等)
   |- index.html (入口文件)
   |- package.json (项目描述文件)
   |- .editorconfig (ES语法检查配置)
   |- .babelrc (ES6语法编译配置)
   |- .gitignore (git上传需要忽略的文件格式)
   |- README.md (项目说明)
```

图10.5　大觅项目目录结构

接下来对大觅项目页面的技能点进行梳理，先归纳总结出每一个页面共同使用的技能点，具体如图 10.6 所示。

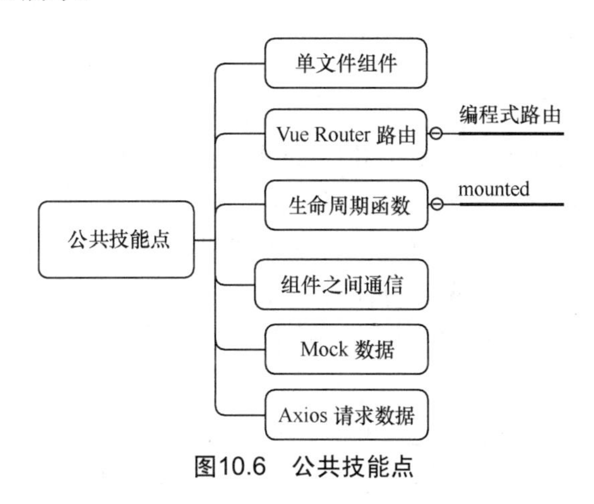

图10.6　公共技能点

通过图 10.6 了解了大觅项目的公共技能点，接下来按照页面正式对大觅项目进行技

能点梳理。

（1）首页特有技能点梳理如图 10.7 所示。

实现思路如下：

- 搜索框区域填写要搜索的内容，单击搜索按钮，利用 v-on 指令绑定单击事件，利用编程式路由，携带搜索内容跳转到列表页。
- 轮播图区域使用 iView 框架的轮播图组件（Carousel）进行开发。
- 今日推荐模块使用 iView 框架的 Tabs 组件开发，内部展示内容使用 v-for 遍历显示。
- 楼层选择区域的布局相对简单，可以使用 iView 框架的 Grid 完成，内部列表的展示内容需要使用 v-for 遍历显示。
- 计算属性的使用场景是在列表显示时，获得数据之后，用于计算每行显示的个数。
- ES6 的使用场景是在 methods 函数中，如用 let、const 定义变量，用箭头函数简化代码。

（2）注册页面特有技能点梳理如图 10.8 所示。

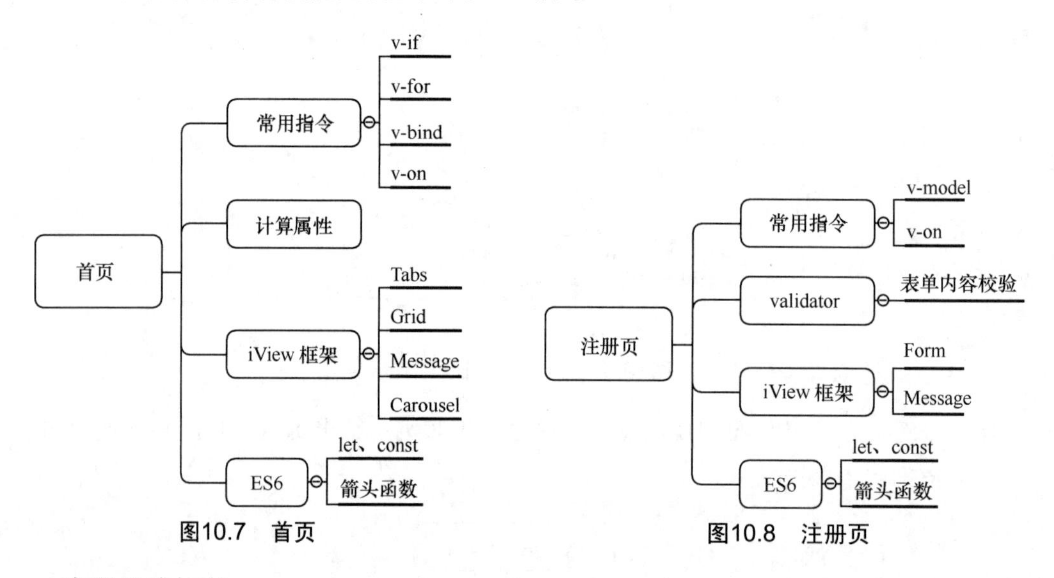

图10.7　首页　　　图10.8　注册页

实现思路如下：

- 注册页的布局很简单，主要使用 iView 框架的 Form 组件布局。
- 使用 validator 进行表单内容的验证，如密码长度、验证码等。
- 当输入内容不符合要求时，使用 iView 框架的 Message 组件对用户进行友好的提示，保证能输入符合要求的内容。

（3）登录页面特有技能点梳理如图 10.9 所示。

实现思路如下：

- 登录页主要使用 iView 框架的 Tabs、Form 组件布局。
- 使用 validator 进行表单内容的验证，如手机号、密码等。
- 当输入内容不符合要求时，使用 iView 框架的 Message 组件对用户进行友好的提示，保证能输入符合要求的内容。

➢ 登录页还会牵扯到登录状态统一管理的内容，使用 Vuex 保存登录的状态，如果用户没有登录想购买门票，肯定需要跳转到登录页先进行登录，然后获得唯一 token 值以后，进行路由的重定向跳转回到原来的页面。

（4）列表页特有技能点梳理如图 10.10 所示。

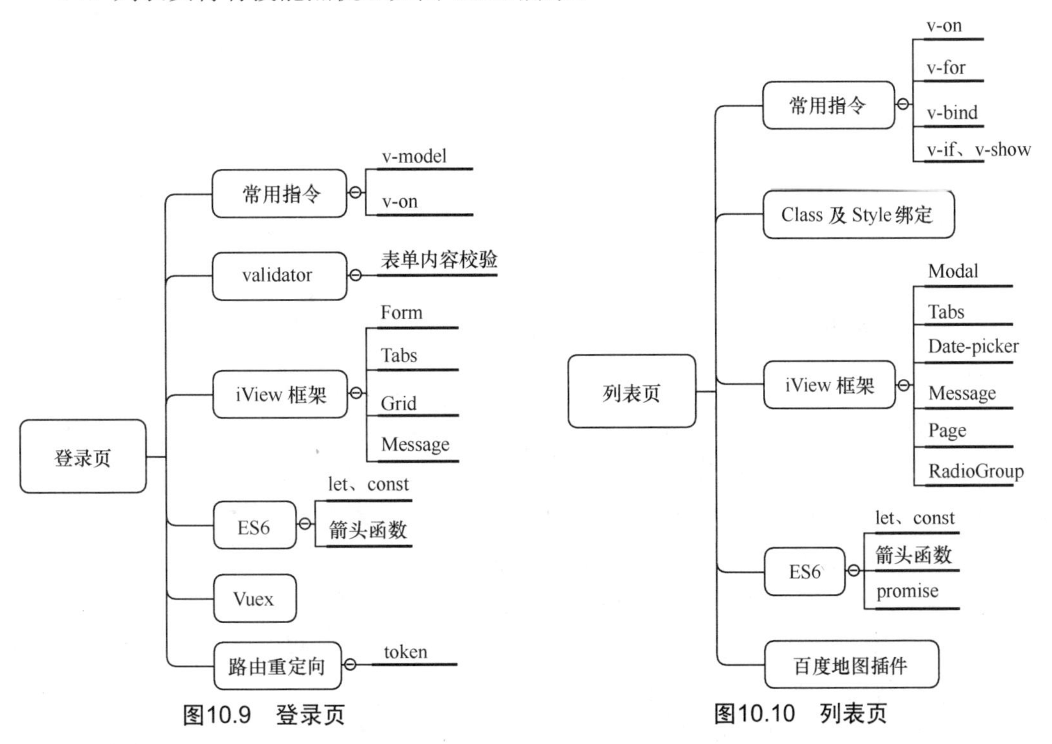

图10.9 登录页

图10.10 列表页

实现思路如下：

➢ 列表页筛选部分是通过获得数据后利用 v-for 指令进行遍历渲染展示，这里使用 iView 框架的 Date-picker 组件用于日历的渲染展示，另外通过单击筛选条件会发送参数获得数据进行列表的展示。

➢ 下方列表的展示，是通过遍历渲染展示接口数据形成。

➢ 列表的展示有大图和列表两种情况，具体的实现是利用 Class 及 Style 的绑定完成，通过 v-on 指令绑定事件传递不同的参数来调用不同的样式以最终确定是大图显示还是列表显示。

（5）详情页特有技能点梳理如图 10.11 所示。

实现思路如下：

➢ 详情页布局非常常规，通过列表页传递的数据，获得模拟的数据进行渲染显示。

➢ 详情页布局使用 iView 框架的 Tabs 组件以及 modal 组件实现。

➢ 评论部分以及历史浏览部分均通过调用模拟接口获得数据，再通过 v-for 遍历数据进行显示。

（6）选座页特有技能点梳理如图 10.12 所示。

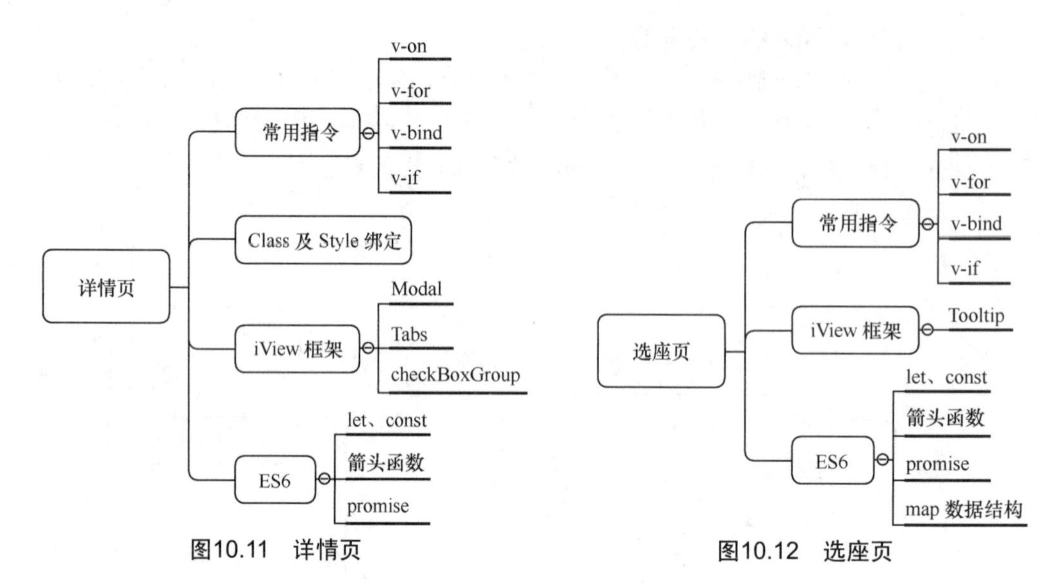

图10.11　详情页　　　　图10.12　选座页

实现思路如下：

➢ 选座页界面分为头部、中间选座区、右侧结算区、左下角图例区 4 个区域，头部信息是不需要依赖外部的数据，很容易完成。
➢ 中间选座区的界面显示，首先需要实现的是选座区的可拖曳和放大事件的方法。
➢ 选座信息的添加，需要使用到 map 数据结构。
➢ 给座位添加一些事件，例如单击事件、区域选择事件等。
➢ 给座位内容填充数据，绑定的是具体的业务数据，哪些座位是可售的，哪些座位已售出，通过 props 将数据传输到当前的组件。
➢ 选座业务数据处理相对简单，比如单击座位的时候添加上对应的数据，再单击的时候删除对应的数据。

（7）订单确认页特有技能点梳理如图 10.13 所示。

实现思路如下：

➢ 订单确认页的布局主要是使用 iView 框架的 Table 组件以及 Button 组件实现。
➢ 单击选择购票人按钮可以调用常用购票人组件，然后选择常用联系人。
➢ 只有同意一系列的条款之后才能单击确定按钮进入确认支付页面，条款的展现形式使用 iView 框架的 Tooltip 组件完成。
➢ 另外还有一些逻辑方面的控制，比如购买了三张票，只选择两个联系人，就会给出对应的提示。

（8）确认支付页特有技能点梳理如图 10.14 所示。

实现思路如下：

➢ 确认支付页的布局主要是使用 iView 框架的 Table 组件实现，内部包含了从订单确认页传递过来的购票相关信息，比如订单编号、商品名称等。
➢ 支付方式分为两种，一种是支付宝支付，另一种是微信支付。
➢ 支付宝支付相对比较简单，真实的业务场景是把订单编号传递到后台，后台查询数据库获得相关的提交信息，然后提交给支付宝官方，直接跳转到支付宝的支付地址，所以支付宝支付的本质就是跳转到一个地址。

➢ 微信支付就相对比较复杂了，在讲解 QRCode 插件使用的时候已经介绍，这里不再赘述。

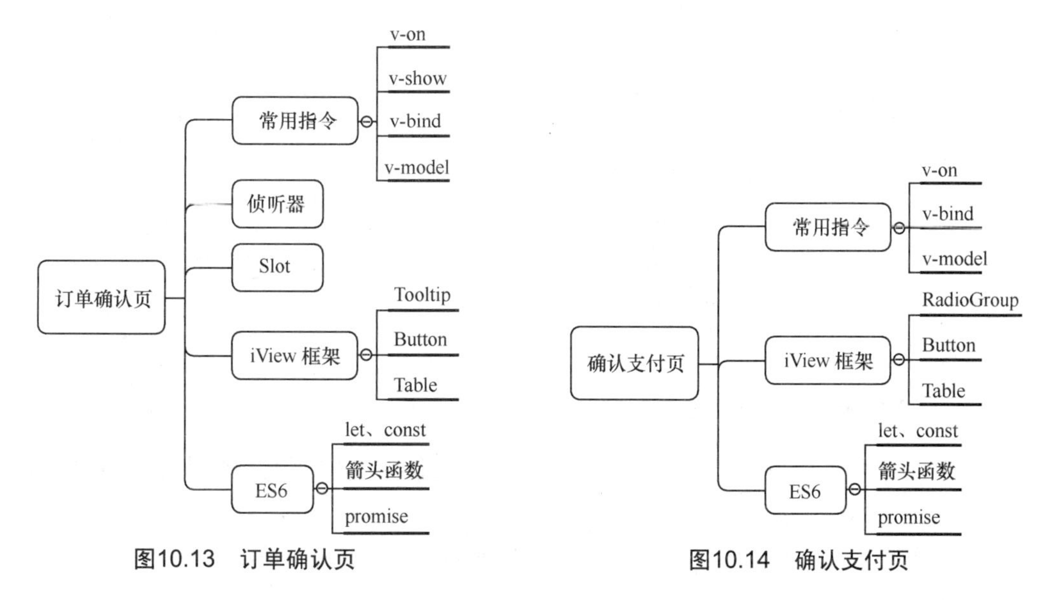

图10.13　订单确认页

图10.14　确认支付页

（9）微信支付页页面比较简单，使用技术较少，主要是引入 QRCode 插件生成二维码。

（10）个人中心页特有技能点梳理如图 10.15 所示。

实现思路如下：

➢ 个人中心页的布局主要是使用 iView 框架的 Table 组件实现，内部包含订单管理、个人信息、常用购票人 3 个页面，虽然内容多，但是相对布局都比较简单。

➢ 订单管理中存放了所有的订单内容，可以通过筛选条件筛选，比如订单编号、商品名称、交易时间等。

➢ 个人信息是一个 Tab 栏布局，包含 iView 框架的 Input、Upload 等组件。

➢ 常用购票人的布局仍然使用 iView 框架的 Table 组件完成，这里存放所有的常用购票人信息，另外也可以完成新建购票人操作。

（11）体育页、古典舞蹈页、亲子页、摇滚页、戏剧页是非常类似的页面，统称为栏目页，这 5 个页面只是展示类目上的区别，使用的技术基本一致，所以把这 5 个页面的特有技能点做综合的梳理，如图 10.16 所示。

实现思路如下：

➢ 栏目页的布局类似于首页，5 个页面只是不同栏目的展示，使用的技术完全一致。

➢ 主要说一下日历组件的开发步骤。日历有如下功能，首先是显示当前的月份，其次是显示两个按钮，可以单击显示上一个月或下一个月；再次是星期，每列都有一个值对应着星期几；最后是当前月份有多少天，根据当前日期是星期几按顺序排列到页面上。

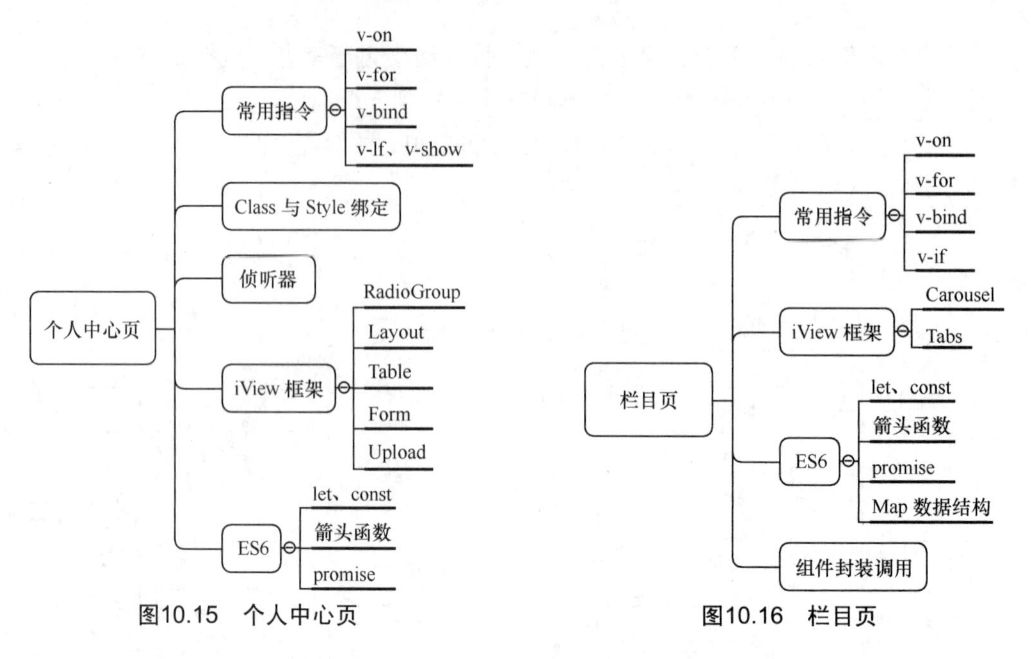

图10.15　个人中心页　　　　图10.16　栏目页

- 首先需要完成日历结构部分的代码，根据截图中的日历结构渲染出对应的头部文本显示。
- 接下来对日期进行分析，要得到当前月中的日期数，比如 2018 年 1 月有多少天，可将数据渲染到结构中。
- 最后添加事件绑定完成切换月份功能的实现。

经过上述梳理，对于大觅项目中所使用技能点的分布有了了解，可以更好地帮助读者完成项目开发。

本章作业

根据项目技能点的梳理及之前章节的学习，完成大觅项目的开发。

- 可以扫描本章项目素材的二维码获得大觅项目素材。
- 根据本章对于项目技能点的梳理，开发大觅项目所有的页面。

注意

为了方便读者验证答案，提升专业技能，请扫描二维码获取本章作业答案。